算数だいじょうぶドリル **3年生** もくじ

JN094580

2年生

3年生

別冊解答

おうちの方へ

教科書の内容すべてではなく、特につまずきやすい単元や次学年につながる
内容を中心に構成しています。前の学年の内容でつまずきがあれば、さらに
さかのぼって学習するのも効果的です。

キャラクターしょうかい

コッツはかせ

コツメカワウソのおじいさん。
子どもの算数の力を育てるための研究をしている。

カワちゃん

コツメカワウソの小学生。
休み時間にボールで遊ぶのが大好き！

ロボたま　次世代型算数ロボット＝ロボたま0号

コッツはかせがつくったロボット。
自分で考えて動けて進化できる、すごいやつ。

がんばろうね

これから、勉強する内容だよ。
取り組む前に、名前と取り組んだ月日をかこう!

今日のやる気を☆にぬろう

ポイント3

「トライ」ができたら
いろんな問題にチャレンジ!
1つずつていねいにとこう!

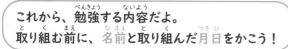

ポイント1

まず「トライ」にチャレンジ!
むずかしかったら、コッツはかせに聞いてみよう!

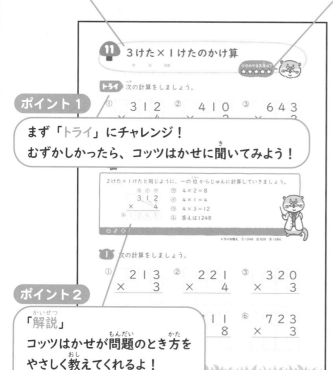

ポイント2

「解説」
コッツはかせが問題のとき方を
やさしく教えてくれるよ!
読んで確認してみよう!

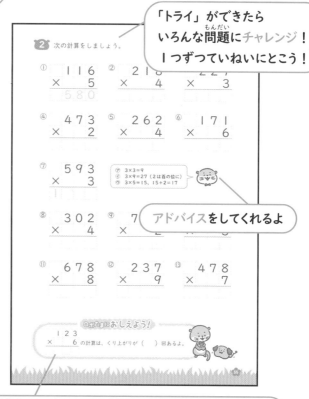

アドバイスをしてくれるよ

勉強したことを「ロボたま」に教えてあげよう!
きみが教えてあげると「ロボたま」が進化するんだ!

これもイイね!

ちょっとひと休み♪
「算数クロスワード」で
楽しく算数のべんきょうをしよう

「答え」をはずして使えるから
答えあわせがラクラクじゃ♪

ハイ!ガンバリ マショウ

たし算のひっ算

月　日　名前

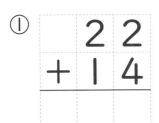 **つぎの計算をしましょう。**

①
```
  2 2
+ 1 4
```

②
```
  2 7
+ 3 5
```

③
```
  1 8
+ 4 9
```

 ②と③は、一のくらいの答えが 10 をこえちゃうよ！

②
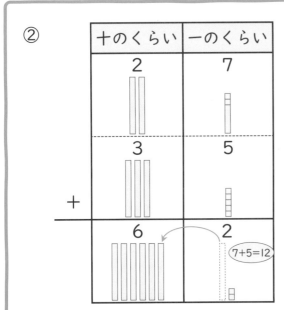

十のくらい	一のくらい
2	7
3	5
+	
6	2

一のくらいの計算は、7 + 5 ＝ 12。
十のくらいに <u>1 くり上げる</u>。

十のくらいの計算は、2 ＋ 3 ＋ 1 ＝ 6
　　　　　　　　　　　　　くり上げた 1

```
  2 7
+ 3 5
  6̇ 2
```
(7+5＝12)

くり上がりの 1 は
十のくらいに小さく
かくとわすれないよ

トライの答え　① 36　② 62　③ 67

 **つぎの計算をしましょう。**

①
```
  2 3
+ 5 4
```

②
```
  1 6
+ 7 3
```

③
```
  7 8
+ 2 1
```

2 つぎの計算をしましょう。

①
```
   6 5
+  2 7
```

②
```
   3 9
+  4 6
```

③
```
   1 8
+  7 4
```

④
```
   5 7
+  5 7
   1 1 4
```

⑤
```
   7 5
+  4 9
```

⑥
```
   9 8
+  3 2
```

⑦
```
   6 8
+  4 8
```

⑧
```
   7 6
+  5 9
```

⑨
```
   4 9
+  9 4
```

⑩
```
   9 6
+    2
```

⑪
```
   9 4
+    7
```

⑫
```
     5
+  9 6
```

⑬
```
   1 5 8
+      7
```

⑭
```
   2 4 6
+    3 6
```

⑮
```
   2 9 5
+    8 2
```

ロボたまに おしえよう！

```
   7 2
+ (   )
  1 0 0
```

（　）に入る数は（　　　　）だよ。

5

② ひき算のひっ算

月　日　名前

トライ つぎの計算をしましょう。

①
```
  7 2
－ 5 1
─────
```

②
```
  3 2
－ 1 8
─────
```

③
```
  6 3
－ 2 4
─────
```

 ②は、2－8はできないなぁ～

②

十のくらい	一のくらい
3²	2 (12－8)
－ 1	8
1	4

一のくらいの計算は、2－8はひけません。
十のくらいから <u>1くり下げて</u>、
12－8＝4
十のくらいの3は2になります。

十のくらいの計算は、
2－1＝1

 ②と③は
くり下がりがあるね！

トライの答え　①21　②14　③39

1 つぎの計算をしましょう。

①
```
  6 7
－ 4 2
─────
```

②
```
  3 5
－ 1 8
─────
```

③
```
  7 6
－ 4 9
─────
```

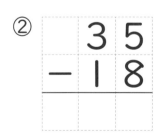

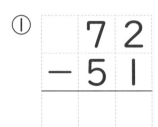

6

2 つぎの計算をしましょう。

①
```
  1 7 8
−   3 6
```

②
```
  1 9 4
−   6 7
```

③
```
  1 3 6
−   9 5
```

④
```
  1 2 1
−   7 9
```

⑤
```
  1 8 4
−   9 5
```

⑥
```
  1 6 5
−   8 7
```

⑦
```
  1 1 2
−   4 6
```

⑧
```
  1 3 7
−   6 9
```

⑨
```
  1 4 3
−   5 8
```

⑩
```
  1 0 1
−   3 5
    6 6
```

⑪
```
  1 0 6
−   4 7
```

⑫
```
  1 0 8
−   2 9
```

⑬
```
  1 0 4
−     8
```

⑭
```
  1 0 3
−     9
```

⑮
```
  1 0 5
−     7
```

ロボたまに おしえよう！

一のくらいのひき算ができないときは、（　　　）のくらいから
１くり（　　　）げるよ。

3 たし算とひき算のひっ算　まとめ

15もんチャレンジ！もくひょう12もんだよ。いくつできるかな！?

1 つぎの計算をしましょう。

①
```
  2 9
+ 7 0
```

②
```
  8 4
- 5 3
```

③
```
  6 1
+ 2 3
```

④
```
  9 4
- 6 8
```

⑤
```
  5 1
+ 4 9
```

⑥
```
  3 7
- 2 8
```

⑦
```
  1 6 9
+   4 3
```

⑧
```
  1 5 1
+   7 1
```

⑨
```
  1 3 4
-   5 2
```

⑩
```
  1 6 4
-   2 9
```

⑪
```
  1 2 2
-   3 9
```

⑫
```
  1 4 7
+   8 7
```

⑬
```
  1 0 7
-   4 4
```

⑭
```
  1 0 6
+   5 5
```

⑮
```
  1 0 4
-   3 7
```

2 はるきさんは、150円もっています。
63円のおかしを買うと、のこりは何円ですか。

しき

答え

3 みゆさんの学校の1年生は87人、2年生は93人です。
あわせて何人ですか。

しき

答え

4 あやかさんはシールを87まい、お姉さんは102まいもって
います。お姉さんは、あやかさんより何まい多くもっていますか。

しき

答え

今日のやる気度は？

トライ　いちごが15こありました。何こか食べたので、のこりが6こになりました。食べたいちごは何こですか。

しき

答え _____

たし算かひき算か、わからないよ〜

図にするとわかりやすくなるんじゃよ！

（　）にあてはまることばを、右の[　　]からえらび、図をかんせいさせましょう。

| はじめ |
| 食べた |
| 15こ |
| 6こ |
| □こ |

（は　　　）（　　　こ）

（食　　　）（　　　）　　　のこり（　　　）

食べたのが何こかわからないから、□こにするんだね！

しき　15−6＝9

答え　9こ

10

1 つぎの文を読んで、もんだいに答えましょう。

> 1組は35人います。2組は1組より5人少ないそうです。

① 1組と2組では、どちらの人数が多いですか。（　　　　　）

② 下の図で、正しい方に〇をつけましょう。

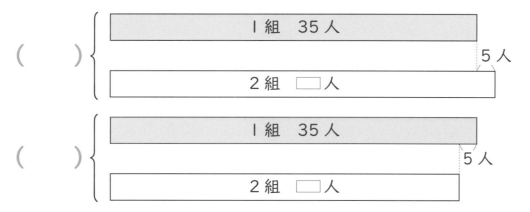

③ 2組の人数をもとめましょう。

しき

答え _____

2 公園に何人かいます。8人帰ったので、12人になりました。
公園には、はじめ何人いましたか。

しき

答え _____

ロボたまにおしえよう！

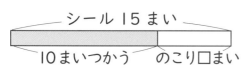

のこりのまい数を出すには
（　　　　　）算をつかうよ。

3 長さ

トライ 長さのたんいをかえてあらわしましょう。

① 5cm＝（　　　　　）mm　② 24mm＝（　　　　）cm（　　　　）mm

③ 2m＝（　　　　　）cm　④ 3m60cm＝（　　　　　）cm

mmとcmとmが出てきているね！

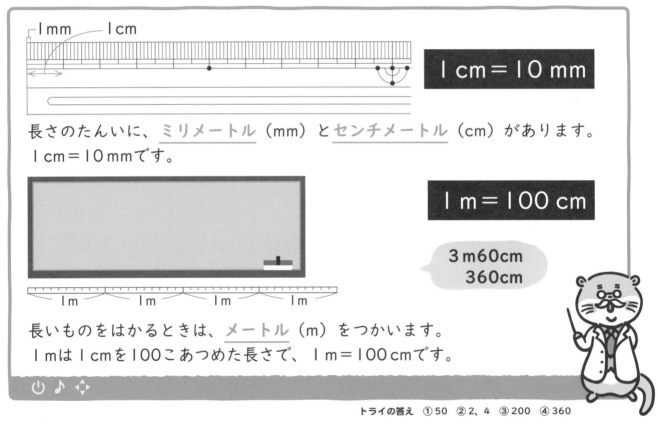

長さのたんいに、ミリメートル（mm）とセンチメートル（cm）があります。
1cm＝10mmです。

1cm＝10mm

1m＝100cm

3m60cm
360cm

長いものをはかるときは、メートル（m）をつかいます。
1mは1cmを100こあつめた長さで、1m＝100cmです。

トライの答え　①50　②2、4　③200　④360

1 ものさしの左はしから①②③までの長さをかきましょう。

① （　　cm　　　mm）　② （　　cm　　　mm）　③ （　　　　cm）

2 目もりを数えて、長さをかきましょう。（1目もりは10cmです。）

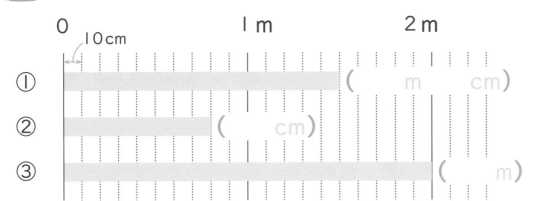

0　　　　　　　　　　1m　　　　　　　2m

10cm

① （　　m　　cm）

② （　　cm）

③ （　　m）

3 つぎの計算をしましょう。

① 7cm6mm － 5cm1mm ＝　　cm　　mm

② 6m40cm ＋ 2m30cm ＝

③ 9m80cm － 4m50cm ＝

4 □にあう長さのたんいをかきましょう。

① プールのふかさ　　　　　　　　　1 [　　]

② えんぴつの長さ　　　　　　　　　17 [　　]

③ ノートのあつさ　　　　　　　　　3 [　　]

④ 黒ばんのよこの長さ　　　　　　　4 [　　]

⑤ 赤ちゃんのしん長　　　　　　　　50 [　　]

ロボたまにおしえよう！

1cm＝（　　）mm、1m＝（　　　　）cmだよ。
1m20cm－50cm＝（　　　　）cm－50cm＝（　　）cmだよ。

今日のやる気度は？
☆☆☆☆☆

トライ つぎの計算をしましょう。

① 3×5 =　　② 6×8 =　　③ 8×7 =

④ 7×6 =　　⑤ 8×9 =　　⑥ 9×4 =

りんごが1さらに3こずつ。

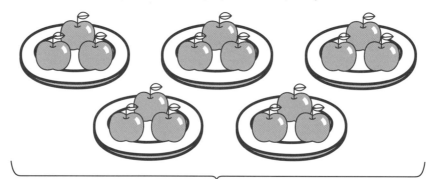

5さら分。

りんごが1さらに3こずつの5さら分で、15こ。

□□□ □□□ □□□ □□□ □□□

$$\underset{1あたりの数}{3_{(こ)}} \overset{かける}{\times} \underset{いくつ分}{5_{(さら)}} = \underset{ぜんぶの数}{15_{(こ)}}$$

このような計算を、かけ算といいます。

トライの答え　①15　②48　③56　④42　⑤72　⑥36

1 ピザが6切れずつのったおさらが3さらあります。

ピザのぜんぶの数をあらわすしきをかきましょう。

□ × □ = □
1さら分の数　いくつ分　ぜんぶの数

2 つぎの計算をしましょう。

① $2 \times 4 =$

② $2 \times 3 =$

③ $2 \times 8 =$

④ $2 \times 1 =$

⑤ $2 \times 9 =$

⑥ $2 \times 2 =$

⑦ $2 \times 5 =$

⑧ $2 \times 7 =$

⑨ $2 \times 6 =$

⑩ $5 \times 2 =$

⑪ $5 \times 6 =$

⑫ $5 \times 4 =$

⑬ $5 \times 1 =$

⑭ $5 \times 8 =$

⑮ $5 \times 5 =$

⑯ $5 \times 3 =$

⑰ $5 \times 9 =$

⑱ $5 \times 7 =$

3 えんぴつを5人に2本ずつくばります。
えんぴつはぜんぶで何本いりますか。

しき

こた
答え

 いくつずつ、何人分いるのかな？

今日のやる気度は？
★★★★★

つぎは3のだんと4のだんだ！！

 1 つぎの計算をしましょう。

①　3 × 3 =

②　3 × 6 =

③　3 × 9 =

④　3 × 2 =

⑤　3 × 5 =

⑥　3 × 8 =

⑦　3 × 1 =

⑧　3 × 4 =

⑨　3 × 7 =

⑩　4 × 7 =

⑪　4 × 4 =

⑫　4 × 1 =

⑬　4 × 2 =

⑭　4 × 9 =

⑮　4 × 8 =

⑯　4 × 6 =

⑰　4 × 5 =

⑱　4 × 3 =

2 どんぐりを4人に3こずつくばります。ぜんぶで何こいりますか。

しき

答え _____

3 つぎの計算をしましょう。

① 6 × 3 =

② 6 × 5 =

③ 6 × 2 =

④ 6 × 9 =

⑤ 6 × 7 =

⑥ 6 × 1 =

⑦ 6 × 8 =

⑧ 6 × 6 =

⑨ 6 × 4 =

⑩ 7 × 3 =

⑪ 7 × 7 =

⑫ 7 × 5 =

⑬ 7 × 9 =

⑭ 7 × 4 =

⑮ 7 × 1 =

⑯ 7 × 6 =

⑰ 7 × 2 =

⑱ 7 × 8 =

4 6 cmのテープがあります。7本ならべると、何cmになりますか。

しき

答え

月　　日　　名前

今日のやる気度は？
★★★★★

さいごには、いろんなだんの九九もあるよ！

　つぎの計算をしましょう。

① 8 × 5 =

② 8 × 8 =

③ 8 × 1 =

④ 8 × 6 =

⑤ 8 × 2 =

⑥ 8 × 9 =

⑦ 8 × 4 =

⑧ 8 × 7 =

⑨ 8 × 3 =

⑩ 9 × 1 =

⑪ 9 × 9 =

⑫ 9 × 2 =

⑬ 9 × 5 =

⑭ 9 × 8 =

⑮ 9 × 3 =

⑯ 9 × 4 =

⑰ 9 × 7 =

⑱ 9 × 6 =

2　1 ふくろ 9 こ入りのグミが 8 ふくろあります。
グミはぜんぶで何こになりますか。

しき

答え

3 つぎの計算をしましょう。

① 1 × 2 =

② 1 × 6 =

③ 1 × 4 =

④ 1 × 1 =

⑤ 1 × 8 =

⑥ 1 × 5 =

⑦ 1 × 3 =

⑧ 1 × 9 =

⑨ 1 × 7 =

⑩ 2 × 7 =

⑪ 3 × 9 =

⑫ 4 × 8 =

⑬ 5 × 6 =

⑭ 6 × 7 =

⑮ 7 × 8 =

⑯ 8 × 6 =

⑰ 9 × 8 =

⑱ 1 × 9 =

4 5人が1つずつぼうしをかぶります。
ぼうしはぜんぶでいくつですか。

しき

答え

マス計算と九九をつかったもんだい

月　　日　　名前

1 2のだんのかけ算のマス計算をしましょう。

①

かけられる数 ＼ かける数		3	5	8	6	1	9	4	7	2
2のだん	2	6	10							

2×3　2×5

②

×	5	1	9	8	2	6	3	7	4	×
2	10									2
4										4
7										7
5										5
9										9

×	5	1	9	8	2	6	3	7	4	×
6	30									6
1										1
8										8
3										3

下にすすむと上のだんの数が見づらいので、まん中にも上のだんの数を入れているよ

左ききの人も見やすいように、右がわにも数を入れているよ

2 8こ入りのキャラメルが4はこあります。
キャラメルはぜんぶで何こありますか。

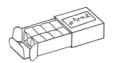

しき

答え _____

3 ボート6そうに9人ずつのっています。
ボートにはぜんぶで何人のっていますか。

しき

答え _____

4 1週間は7日です。 3週間は何日ですか。

しき

答え _____

ロボたまにおしえよう！

・3のだんの九九は、かける数が1ふえるごとに（　　）ずつ
大きくなるよ。

・5×6＝6×（　　）だよ。

・自分のとくいな九九は（　　）のだんの九九だよ♪

10 三角形と四角形

月　　日　　名前

トライ　つぎのア～オから、①～③の図形を見つけて記ごうでかきましょう。

① 長方形（　　　）　② 正方形（　　　）　③ 直角三角形（　　　）

あてはまらないものもあるなぁ

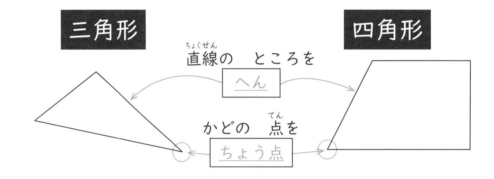

三角形

四角形

直線の　ところを　　へん

かどの　点を　　ちょう点

3本の直線でかこまれた形。

4本の直線でかこまれた形。

直角三角形

直角

直角のかどがある三角形。

長方形

直角

4つのかどが、みんな直角の四角形。

正方形

直角

4つのかどが、みんな直角で、4つのへんの長さがみんな同じ四角形。

トライの答え　①オ　②ウ　③イ

1 ①にはたて４cm、よこ５cmの長方形を、
②には１つのへんの長さが５cmの正方形をかきましょう。

①

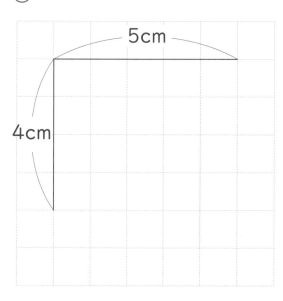

②

2 ①には直角のりょうがわのへんの長さが３cmと５cmの
直角三角形を、②には直角のりょうがわのへんの長さが
４cmと２cmの直角三角形をかきましょう。

①

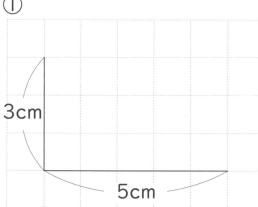

②

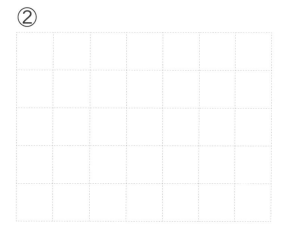

ロボたまにおしえよう！

４つのかどがみんな直角で、４つのへんの長さがみんな同じ
四角形は（　　　　　　　　）だよ。
直角のかどがある三角形は（　　　　　　　　　）というよ。

11 水のかさ

今日のやる気度は？ ★★★★★

トライ （　）にあてはまる数をかきましょう。

① 1L＝（　　　　）dL　　　② 1dL＝（　　　　）mL

③ 1L＝（　　　　）mL

牛にゅうパックは1000mLで、1Lなんだって！

かさをはかるたんいに、<u>リットル</u>（L）、<u>デシリットル</u>（dL）、<u>ミリリットル</u>（mL）
があります。

1L＝10dL

1Lを10こに分けた1つ分が1dLです。

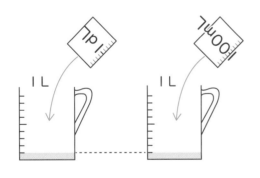

1dL＝100mL

1L＝1000mL

mLは、LやdLより小さいかさのたんいです。
1dLは100mLと同じかさです。
また、100mLの10ぱい分が1Lなので、1L＝1000mLです。

トライの答え　①10　②100　③1000

1 □ にあてはまる数をかきましょう。

① 1Lは [　　　] dLで、[　　　] mLです。

② 5000mLは [　　　] Lで、[　　　] dLです。

③ 7000mLは [　　　] dLです。

④ 1Lます4はいと、1dLます6ぱいの水のかさは

[　　　] L [　　　] dLです。

⑤ 300mLは [　　　] dLです。

⑥ 1800mLは [　　　] L [　　　] dLです。

2 つぎの計算をしましょう。

① 800mL＋200mL ＝ 　　　mL＝ 　　　L

② 1L－600mL ＝

③ 3L 5dL ＋ 2L 2dL ＝ 　　　L 　　　dL

④ 5L 9dL － 1L ＝ 　　　L 　　　dL

ロボたまにおしえよう！

1L＝（　　　）dL、1dL＝（　　　）mL、
1L＝（　　　）mL だよ。

月　日　名前

トライ つぎの時間を（　）にかきましょう。

① １時間＝（　　　）分　　② １日＝（　　　）時間

③ １時10分から１時30分までにすすんだ時間は（　　　）分間

１時間は、時計の長いはりが１回りする時間だよね！

時計の長いはりが
１目もりすすむ時
間を<u>１分間</u>（<u>１分</u>）
といいます。

時計の長いはりの数
字が２から３へ１つ
すすむと、５分間す
すみます。

時計の長いはりが
１回りする時間は、
１時間です。

１時間＝60分間

１時10分

１時30分

20分間すすんでいます。

１日＝24時間

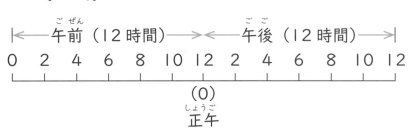

1 つぎの時間は、何分間ですか。

1時間目の
はじまり

1時間目の
おわり

 →

1時間目のべん強（きょう）の時間

（　　　　分間　）

2 つぎの時間は、何時間ですか。

野（や）きゅうのれんしゅうを
はじめた時こく

野きゅうのれんしゅうが
おわった時こく

 →

野きゅうのれんしゅうを
していた時間

（　　　　時間　）

3 つぎの時こくを、午前・午後をつけてかきましょう。

正午

① 2時間前
（　　　　　　　）　←　　→　② 2時間後
（　　　　　　　）

ロボたまにおしえよう！

1時間は（　　　）分間で、1日は（　　　）時間だよ。

27

13 1000までの数

月　日　名前

トライ つぎの ☐ にあてはまる数をかきましょう。

① 100を3こ、10を7こ、1を6こあわせた数は、 ☐ 。

② 360は、10を ☐ こあつめた数。

③ 400＋300＝ ☐ 　　④ 800－400＝ ☐

はて？

10が10こで100。100が10こだと…？

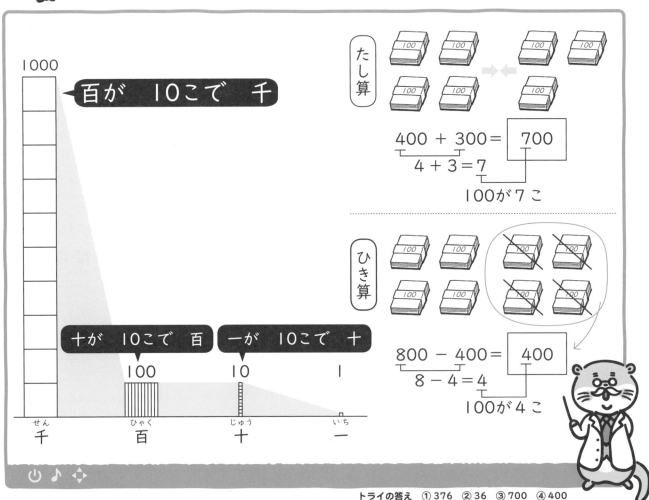

トライの答え ①376 ②36 ③700 ④400

1 つぎの数の線の □ に数をかきましょう。

①

0　　100　　200　　ア　　400　　イ　　ウ　　700

②
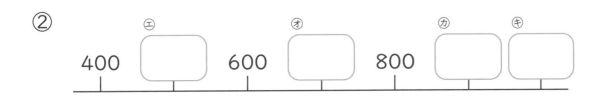

400　　エ　　600　　オ　　800　　カ　　キ

2 数の大きさをくらべて、□ に＞、＜をかきましょう。

① 303 □ 330　　② 543 □ 345　　③ 198 □ 189

3 つぎの数をかきましょう。

① 699より1大きい数　　（　　　　　　　）

② 500より1小さい数　　（　　　　　　　）

③ 990より10大きい数　　（　　　　　　　）

④ 760より10小さい数　　（　　　　　　　）

②
―[?]―[500]―[501]―
↑
500の1つ前だね！

ロボたまにおしえよう！

一が10こで（　　　　　）、十が10こで（　　　　　）、
百が10こで（　　　　　）だよ。

月　　日　　名前

トライ いくつですか。数字でかきましょう。

①

	10	1	
	10	1	1
1000	10	1	1
1000	100	10	1	1
1000	100	10	1	1

（　　　　　　　　　　）

②

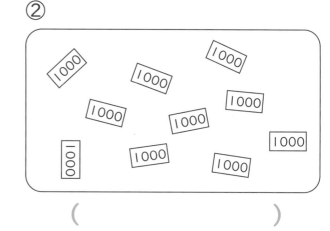

1000 1000 1000 1000 1000 1000 1000 1000 1000 1000

（　　　　　　　　　　）

 千円さつが10まいだと…

①をことばであらわすと、

1000が3こ　→　3000
100が2こ　→　200
10が5こ　→　50
1が9こ　→　9

千	百	十	一
3	2	5	9

②は、1000が10こです。
1000を10こあつめた数を
<u>一万</u>といい、<u>10000</u>とかきます。

 10000は0が4つ
ついているね！

トライの答え　①3259　②10000

1 □にあてはまる数をかきましょう。

① 6740の千のくらいの数は □ です。

② 1000を8こ、100を5こ、1を3こあわせた数は □ です。

③ 100を76こあつめた数は □ です。

2 どれも10000になるように、[　]に数をかきましょう。

① 1000を [　　　] こあわせた数。

② 100を [　　　] こあわせた数。

③ 10を [　　　] こあわせた数。

④ 1を [　　　] こあわせた数。

3 数の大きさをくらべて、[　]に>、<、=をかきましょう。

① 3107 [　] 3018 　　② 9060 [　] 9600

③ 4560 [　] 4650 　　④ 1200 [　] 700+500

4 つぎの [　] にあてはまる数をかきましょう。④、⑤は計算をしましょう。

① 5990より10大きい数は [　　　　　] です。

② 9999より1大きい数は [　　　　　] です。

③ 10000より10小さい数は [　　　　　] です。

④ 900+600= [　　　]

⑤ 1700-800= [　　　]

ロボたまにおしえよう！

千円さつが10まいで（　　　　）円、
百円玉が（　　　　）まいで一万円になるよ！

さんすう

クロスワード

月　　日　　名前

つぎの「カギ」（ヒント）を手がかりに、クロスワードを完成させましょう。

```
┌────┬────┬────┬────┬────┬────┐
│////│ ①  │////│ ②  │////│ ③  │
├────┼────┼────┼────┼────┼────┤
│ ④  │    │    │    │    │    │
├────┼────┼────┼────┼────┼────┤
│////│    │////│    │////│    │
├────┼────┼────┼────┼────┼────┤
│////│ ⑤  │    │////│ ⑥  │////│
├────┼────┼────┼────┼────┼────┤
│ ⑦  │    │////│ ⑧  │    │    │
└────┴────┴────┴────┴────┴────┘
```

🗝 たてのカギ

① 60分は？

② 答えが30になるかけ算九九は？　「ろ○○」

③ 答えが4になるかけ算九九は？　「し○○」がし

⑥ 15－8の答えは？

🗝 よこのカギ

④ 18の8は何のくらい？　「○○の○○○」

⑤ 水などのりょうのこと

⑦ 13－9の答えは？

⑧ 答えが16になるかけ算九九は？　「は○○」

ひらがなで
かくよ！

3年生

ロボたまが
進化したよ！

もう1回
進化するぞ
この調子でさいごまで
がんばるのじゃ！

3けたのたし算

今日のやる気度は？
☆☆☆☆☆

トライ 次(つぎ)の計算をしましょう。

①
```
  418
+ 271
```

②
```
  218
+ 156
```

③
```
  438
+ 190
    2
```

2けたのたし算と同じように計算できるかな？

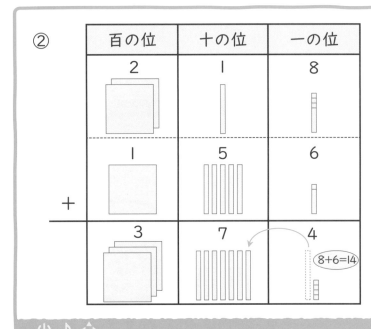

②

百の位	十の位	一の位
2	1	8
1	5	6
3	7	4

一の位(くらい)は
くり上がる
8＋6＝14

十の位は
1＋5＋1＝7

百の位は
2＋1＝3

8+6=14

トライの答え ①689 ②374 ③628

1 次の計算をしましょう。

①
```
  268
+ 630
```

②
```
  609
+ 153
```

③
```
  256
+ 683
```

2 次の計算をしましょう。

くり上がりが2回あるね。同じやり方でできそうだ！

①
```
  2 6 9
+ 5 8 2
─────
  8 5 1
```

②
```
  1 4 2
+ 4 7 9
─────
```

③
```
  3 7 9
+ 2 7 6
─────
```

④
```
  4 3 6
+ 2 7 5
─────
```

⑤
```
  1 8 7
+ 5 2 9
─────
```

⑥
```
  4 9 8
+ 3 5 7
─────
```

⑦
```
  2 9 8
+ 6 4 6
─────
```

⑧
```
  5 6 5
+ 3 6 9
─────
```

3 みおさんは457円、妹は398円持っています。あわせると何円ありますか。

式

答え

2 3けたのひき算

月　　日　　名前

トライ 次の計算をしましょう。

①
```
  3 6 9
－ 2 5 1
```

②
```
  7 8 4
－ 3 1 7
```

③
```
  3 2 5
－ 1 5 8
```

 ③は、5－8も2－5もできないよ

③

百の位	十の位	一の位
3^2	2^1　⑪1－5	5　⑮15－8
1	5	8
1	6	7

一の位の計算は、5から8は
ひけません。十の位から
1くり下げて　15－8＝7
十の位の2は1になります。

十の位の計算は、1から5は
ひけません。百の位から
1くり下げて　11－5＝6
百の位の3は2になります。

百の位の計算は、　2－1＝1

トライの答え　①118　②467　③167

１ 次の計算をしましょう。

①
```
  5 8 9
－ 3 6 9
```

②
```
  5 9 3
－ 2 6 4
```

③
```
  9 3 1
－ 6 5 4
```

2 次の計算をしましょう。

①
$$\begin{array}{r} 5\,0\,0 \\ -8 \\ \hline 4\,9\,2 \end{array}$$

0から8はひけないね。
十の位も0だから、
百の位をくずして計算
するんだね！

②
$$\begin{array}{r} 9\,0\,0 \\ -1\,2 \\ \hline \end{array}$$

③
$$\begin{array}{r} 1\,0\,5 \\ -2\,8 \\ \hline \end{array}$$

④
$$\begin{array}{r} 8\,0\,2 \\ -3\,5 \\ \hline \end{array}$$

⑤
$$\begin{array}{r} 3\,1\,4 \\ -2\,8\,7 \\ \hline \end{array}$$

⑥
$$\begin{array}{r} 7\,3\,6 \\ -5\,4\,7 \\ \hline \end{array}$$

⑦
$$\begin{array}{r} 5\,2\,8 \\ -2\,2\,9 \\ \hline \end{array}$$

3 色紙が340まいあります。
67まい使うと、のこりは何まいになりますか。

式

答え _____

ロボたまにおしえよう！

12－7や、17－9などのくり下がりの計算がとくいに
なると、3けたのひき算でも大じょうぶ！
自分は（　　－　　）が苦手だから、がんばるぞ！

3 O、10のかけ算と九九のきまり

月　　日　　名前

 次の計算をしましょう。

①　3×0＝

②　0×4＝

③　10×1＝

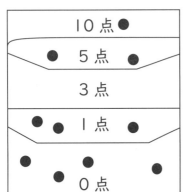 九九には0や10のだんはなかったよ〜！

トライ の式を絵にして考えてみましょう。

おはじきゲームをしました。

10点 ●
● 5点 ●
3点
● ● 1点 ●
● ● ● 0点 ●

① 3点の場所にはおはじきがないので

点数　入った数　とく点

3 × ☐ = ☐

② 0点の場所にはおはじきが入っても0点なので

点数　入った数　とく点

0 × ☐ = ☐

③ 10点の場所にはおはじきが1つ入っているので

点数　　入った数　とく点

10 × 1 = ☐

どんな数に0をかけても、
0にどんな数をかけても
答えは0なんだね

トライの答え　①0　②0　③10

 次の計算をしましょう。

①　5×0＝

②　0×2＝

③　0×0＝

④　10×2＝

⑤　10×5＝

⑥　10×0＝

次の（　　）にあてはまる数をかきましょう。

① 3×5 は 3×4 より（　　　）大きい。

② 7×8＝7×9−（　　　）

③ 3×9＝9×（　　　）

九九の答えをかいて考えてみよう！

3のだんの答えをかき、㋐、㋑の問題をといてみましょう。

×	1	2	3	4	5	6	7	8	9
3		9					21		

㋐　3のだんの答えは（　　　）ずつふえています。

㋑　3×6の答えは3×5の答えより（　　　）大きいです。

・かけ算では、かける数が1ふえると答えはかけられる数だけ大きくなります。

$$3×5 = 15$$
1ふえる　3ふえる
$$3×6 = 18$$
↓
$$3×5+3=3×6$$

・かけ算ではかけられる数とかける数を入れかえても答えは同じです。

トライの答え　①3　②7　③3　／　㋐3　㋑3
（3のだんの答えはしょうりゃく）

（　　）にあてはまる数をかきましょう。

① 4×5は4×4より（　　　）大きい。

② 8×6＝6×（　　　）

ロボたまにおしえよう！

・5のだんの九九は（　　　）ずつふえるよ！

・6×7＝7×（　　　）だよ！

あなあきかけ算

月　　日　　名前

わり算は、あなあきかけ算ができればかんたんにできるんじゃ。
あなあきかけ算は、わり算の答えを九九から見つける練習じゃよ。
12÷4の答えは、4のだんの九九で12になる数を見つけるから、
4×□＝12 ができるといいぞ。12÷4＝（　3　）じゃ。

よ～し！やってみるぞ！

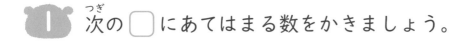

1 次の □ にあてはまる数をかきましょう。

① 1 × [　] ＝ 7

② 2 × [　] ＝ 8

③ 3 × [　] ＝ 18

④ 4 × [　] ＝ 20

⑤ 5 × [　] ＝ 35

⑥ 6 × [　] ＝ 36

⑦ 7 × [　] ＝ 21

⑧ 8 × [　] ＝ 32

⑨ 2 × [　] ＝ 16

⑩ 4 × [　] ＝ 36

⑪ 5 × [　] ＝ 30

⑫ 1 × [　] ＝ 9

⑬ 7 × [　] ＝ 42

⑭ 9 × [　] ＝ 27

⑮ 4 × [　] ＝ 24

⑯ 8 × [　] ＝ 16

2 次の ☐ にあてはまる数をかきましょう。

① 3 × ☐ = 24

② 4 × ☐ = 28

③ 5 × ☐ = 10

④ 6 × ☐ = 42

⑤ 8 × ☐ = 64

⑥ 7 × ☐ = 49

⑦ 9 × ☐ = 45

⑧ 7 × ☐ = 35

⑨ 5 × ☐ = 40

⑩ 8 × ☐ = 72

⑪ ☐ × 9 = 81

⑫ ☐ × 6 = 54

⑬ ☐ × 7 = 56

⑭ ☐ × 3 = 27

⑮ ☐ × 8 = 48

⑯ ☐ × 7 = 63

⑰ ☐ × 9 = 54

⑱ ☐ × 5 = 25

⑲ ☐ × 1 = 8

⑳ ☐ × 6 = 18

ロボたまに おしえよう！

5 × ☐ = 30 は、（　　　）のだんの九九を使うよ。

5 ## あまりのないわり算 ①

月　　日　　名前

トライ 12このあめを4人に同じ数ずつ分けると、1人分は何こに
なりますか。

式

答え ＿＿＿＿＿＿＿＿＿＿

 4人で分けるんだね

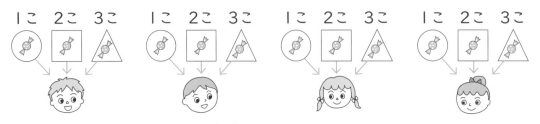

12このあめを4人に 同じ数ずつ 分けていきます。

$$12_{(こ)} \div 4_{(人)} = 3_{(こ)}$$

4人に同じ数（3こ）ずつ分けられます。
みんなでなかよく分けるので「にこにこわり算」とよびます。

12÷4の答えを出すには、4のだんの九九を使い、12になる数をもとめます。
4×□＝12の□にあてはまる数が答えです。

トライの答え　12÷4＝3、3こ

 20本のえんぴつを5人に同じ数ずつ分けます。
　　1人分は何本ですか。

式

答え ＿＿＿＿＿＿＿＿＿＿

12このあめを 4こずつ分けると、何人に分けられますか。

式

答え _____

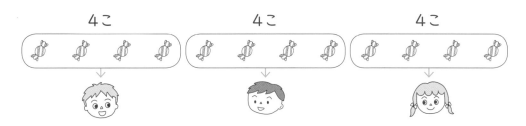
何人に分けられるかが、わからないんだね

12このあめを 1人に <u>4こずつ</u>分けていきます。

4こ　　　　　　4こ　　　　　　4こ

$$12_{(こ)} ÷ 4_{(こ)} = 3_{(人)}$$

あめは 3人がもらえますが、4人目 5人目の人がいたら、
その人の分はありません。自分がもらえるかドキドキするので、
<u>「ドキドキわり算」</u>とよびます。

トライの答え　12÷4=3、3人

 24本のえんぴつを 3本ずつ分けます。
何人に分けられますか。

式

答え _____

ロボたまにおしえよう!

わり算にはみんなに同じ数ずつ分ける （に　　　　） わり算
と同じ数ずつ何人かに分ける （ド　　　　） わり算があるよ。

あまりのないわり算 ②

月　　日　　名前

 わり算のとっくんだ～！！

1 次の計算をしましょう。

① 10 ÷ 5 =

② 0 ÷ 7 =

③ 72 ÷ 8 =

④ 49 ÷ 7 =

⑤ 21 ÷ 3 =

⑥ 32 ÷ 8 =

⑦ 72 ÷ 9 =

⑧ 42 ÷ 6 =

⑨ 28 ÷ 7 =

⑩ 30 ÷ 6 =

⑪ 4 ÷ 1 =

⑫ 32 ÷ 4 =

⑬ 6 ÷ 3 =

⑭ 7 ÷ 7 =

⑮ 4 ÷ 2 =

⑯ 18 ÷ 6 =

⑰ 12 ÷ 3 =

⑱ 9 ÷ 1 =

⑲ 16 ÷ 8 =

⑳ 35 ÷ 7 =

㉑ 25 ÷ 5 =

㉒ 63 ÷ 9 =

㉓ 18 ÷ 3 =

㉔ 0 ÷ 3 =

㉕ 56 ÷ 8 =

㉖ 20 ÷ 5 =

2 次の計算をしましょう。

① 15 ÷ 5 =

② 64 ÷ 8 =

③ 14 ÷ 7 =

④ 27 ÷ 3 =

⑤ 0 ÷ 5 =

⑥ 21 ÷ 7 =

⑦ 28 ÷ 4 =

⑧ 18 ÷ 9 =

⑨ 45 ÷ 5 =

⑩ 8 ÷ 8 =

⑪ 36 ÷ 6 =

⑫ 2 ÷ 1 =

⑬ 24 ÷ 6 =

⑭ 15 ÷ 3 =

⑮ 42 ÷ 7 =

⑯ 12 ÷ 4 =

⑰ 56 ÷ 7 =

⑱ 16 ÷ 8 =

⑲ 20 ÷ 4 =

⑳ 40 ÷ 5 =

㉑ 54 ÷ 9 =

㉒ 0 ÷ 3 =

㉓ 63 ÷ 7 =

㉔ 54 ÷ 6 =

㉕ 4 ÷ 4 =

㉖ 48 ÷ 8 =

㉗ 30 ÷ 5 =

㉘ 36 ÷ 4 =

ロボたまに おしえよう！

自分の苦手な九九のだんは（　　　　　）のだんなんだ。
九九ができると、わり算もとくいになるんだって！

45

今日のやる気度は？
☆☆☆☆☆

 トライ 次の計算をしましょう。

① 14 ÷ 4 =

② 31 ÷ 4 =

パニック

むむっ…！わり切れないぞ！

わり算の式をそれぞれ絵にして考えてみましょう。

① 14このクッキーを4人に1こずつ分けていきます。

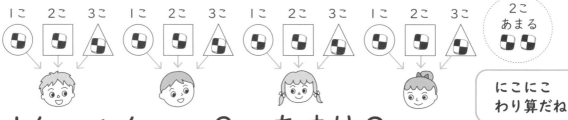

1こ 2こ 3こ 1こ 2こ 3こ 1こ 2こ 3こ 1こ 2こ 3こ

2こ
あまる

にこにこ
わり算だね

14(こ) ÷ 4(人) = 3(こ) あまり 2(こ)

持っている数を、決まった人数に1つずつ分けていくときに、
分けきれない数は「あまり」とします。

② 31このなしを1かごに4こずつ分けていきます。

4こ　4こ　4こ　4こ　4こ　4こ　4こ

3こ
あまる

31(こ) ÷ 4(こ) = 7(こ) あまり 3(こ)

持っている数を、決まった数で分けていくときにも、
分けきれない数を「あまり」とします。

ドキドキわり算！

わり算の答えのあまりは、いつもわる数より
小さくなるのじゃ。
つまり、4でわるときは、あまりは4より小
さくなるんじゃよ。

トライの答え　①3あまり2　②7あまり3

次の計算をしましょう。

① $29 \div 3 =$ 9 あまり 2
27 ← 3 × 9
はじめはかいてみましょう。

② $13 \div 2 =$ 6 あまり 1
12

③ $38 \div 5 =$
35

④ $56 \div 6 =$
54

⑤ $26 \div 3 =$

⑥ $45 \div 6 =$

⑦ $19 \div 2 =$

⑧ $25 \div 7 =$

⑨ $19 \div 3 =$

⑩ $41 \div 5 =$

⑪ $35 \div 8 =$

⑫ $29 \div 9 =$

⑬ $38 \div 4 =$

⑭ $29 \div 7 =$

⑮ $49 \div 5 =$

⑯ $13 \div 6 =$

⑰ $27 \div 4 =$

⑱ $23 \div 6 =$

⑲ $52 \div 7 =$

⑳ $20 \div 3 =$

㉑ $51 \div 8 =$

㉒ $26 \div 9 =$

㉓ $40 \div 6 =$

㉔ $11 \div 4 =$

あまりのあるわり算 ②

月　　　日　　　名前

がんばるぞ～！

 次の計算をしましょう。

① 13 ÷ 7 = 1 あまり 6

② 55 ÷ 8 =

③ 50 ÷ 6 =

④ 32 ÷ 9 =

⑤ 11 ÷ 6 =

⑥ 33 ÷ 7 =

⑦ 71 ÷ 8 =

⑧ 10 ÷ 3 =

⑨ 22 ÷ 9 =

⑩ 31 ÷ 7 =

⑪ 53 ÷ 7 =

⑫ 11 ÷ 3 =

⑬ 25 ÷ 9 =

⑭ 12 ÷ 8 =

⑮ 61 ÷ 7 =

⑯ 41 ÷ 6 =

⑰ 31 ÷ 8 =

⑱ 51 ÷ 9 =

⑲ 22 ÷ 6 =

⑳ 51 ÷ 6 =

㉑ 34 ÷ 9 =

㉒ 20 ÷ 6 =

㉓ 52 ÷ 8 =

㉔ 33 ÷ 9 =

㉕ 23 ÷ 8 =

㉖ 41 ÷ 7 =

2 33このみかんを6人に同じ数ずつ分けます。
1人分は何こで、何こあまりますか。

式

答え　1人分は　　　　こで、　　　こあまる

3 25cmのテープを7cmずつ分けます。
テープは何本できて、何cmあまりますか。

式

答え　　　　本できて、　　　cmあまる

4 60円持っています。1つ7円のあめが何こ買えますか。

式

答え

5 34人が4人ずつ長いすにすわります。
全員がすわるには、いすは何きゃくいりますか。

式

答え

ロボたまにおしえよう！

5 の長いすの問題では、あまりの人数の分も長いすが
いるから、（　　　　　）きゃくではたりないよ。

 次の数を、数字でかきましょう。

① 五千七百九十二万三千八百四十

千	百	十	一	千	百	十	一
	万						
5	7						

② 二千六百七十万八十四

千	百	十	一	千	百	十	一
	万						

4けたのところに区切りの線が入っているね！

一万より大きい数

千	百	十	一	千	百	十	一	千	百	十	一
	億				万						

千を10こ集めた数が一万 ➡ 1 0 0 0 0

一万を10こ集めた数が十万 ➡ 1 0 0 0 0 0

十万を10こ集めた数が百万 ➡ 1 0 0 0 0 0 0

百万を10こ集めた数が千万 ➡ 1 0 0 0 0 0 0 0

千万を10こ集めた数が一億 ➡ 1 0 0 0 0 0 0 0 0

トライの答えだよ。「0」もわすれずにかこう！

① 5 7 9 2 3 8 4 0

② 2 6 7 0 0 0 8 4

万の位や億の位も、「一・十・百・千」のくり返しだね！

 次の数を（　）に数字でかきましょう。

① 三万二千百六十八　（　　　　　　　　　）

② 二千七十五万九千　（　　　　　　　　　）

③ 100万を8こと10万を3こあわせた数　（　　　　　　　　　）

④ 1億より1小さい数　（　　　　　　　　　）

トライ （ ）にあてはまる数をかきましょう。

① 78を10倍すると （　　　　　　　　）。

② 3800を10でわると （　　　　　　　　）。

10倍したり10でわったりすると、位はどうかわるのかな？

数は10倍（×10）するごとに位が
1けたずつ上がります。
100倍すると2けた、1000倍すると
3けた上がります。
また、10でわる（÷10）ごとに
位が1けたずつ下がります。

5

5 0	
5 0 0	
5 0 0 0	
5 0 0 0 0	
5 0 0 0 0 0	
5 0 0 0 0 0 0	

10倍			10でわる
10倍	100倍		10でわる
10倍		1000倍	10でわる
10倍	100倍		10でわる
10倍			10でわる
10倍	100倍	1000倍	10でわる

10倍すると0が1つふえ、
10でわると0が1つへっているね！

トライの答え　①780　②380

1 次の数を［　］にかかれた倍の数にしましょう。

① 9200 [10] （　　　　　　）　　② 50万 [100] （　　　　　　）

③ 20 [1000] （　　　　　　）　　④ 8万 [1000] （　　　　　　）

2 次の数を10でわった数にしましょう。

① 45000 　　（　　　　　　）　　② 600万 　（　　　　　　）

③ 9020万 　（　　　　　　）　　④ 1億 　　（　　　　　　）

ロボたまにおしえよう！

大きな数は （　　　　　） けたごとに区切ると読みやすいよ。
1億は、1に0が （　　　　　） こつくよ。

トライ 次の計算をしましょう。

①
```
  1 2
×   3
```

②
```
  2 4
×   5
```

③
```
  3 6
×   7
```

 まず、どこから計算するのかな？

一の位からじゅんに、下から上へ計算します。

①
```
  1 2        1 2        1 2
×   3   ➡  ×   3   ➡  ×   3
                6        3 6
```

位をそろえてかく。　　$3 × 2 = 6$　　$3 × 1 = 3$
　　　　　　　　　　　一の位は6。　　十の位は3。

③
```
  3 6
×   7
2 5⁴2
```

②、③はくり上がりがあります。

一の位は $7×6=42$
4くり上げて、$7×3=21$
くり上げた4と21で25

トライの答え　①36　②120　③252

---

1 次の計算をしましょう。

①
```
  1 1
×   7
  7 7
```

②
```
  2 4
×   2
```

③
```
  3 3
×   2
```

④
```
  4 3
×   2
```

2 次の計算をしましょう。

① 　　53
　　× 　2
　　―――――

② 　　31
　　× 　5
　　―――――

③ 　　64
　　× 　2
　　―――――

④ 　　43
　　× 　3
　　―――――

⑤ 　　85
　　× 　2
　　―――――
　　170

⑥ 　　95
　　× 　4
　　―――――
　　　0

⑦ 　　48
　　× 　5
　　―――――

⑧ 　　62
　　× 　5
　　―――――

⑨ 　　84
　　× 　8
　　―――――

⑩ 　　35
　　× 　7
　　―――――

⑪ 　　49
　　× 　8
　　―――――

⑫ 　　64
　　× 　6
　　―――――

⑬ 　　13
　　× 　8
　　―――――

⑭ 　　58
　　× 　9
　　―――――

⑮ 　　37
　　× 　6
　　―――――

⑯ 　　64
　　× 　8
　　―――――

ロボたまに おしえよう！

	1	2
×		3
③	3	6

12 の計算は、まず 3 ×（　　　）をして、

つぎに 3 ×（　　　）をするよ。

36 の 3 は、（　　　）が 3 つあることを 表しているよ。

11 3けた×1けたのかけ算

月　日　名前

 今日のやる気度は？

トライ 次の計算をしましょう。

①
```
   3 1 2
 ×     4
```

②
```
   4 1 0
 ×     2
```

③
```
   6 4 3
 ×     2
```

 2けた×1けたならできるんだけど…

2けた×1けたと同じように、一の位からじゅんに計算していきましょう。

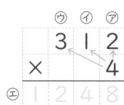

```
  ウ イ ア
   3 1 2
 ×     4
エ 1 2 4 8
```

⑦　4×2＝8
④　4×1＝4
⑨　4×3＝12
⑨　答えは1248

トライの答え　①1248　②820　③1286

1  次の計算をしましょう。

①
```
   2 1 3
 ×     3
```

②
```
   2 2 1
 ×     4
```

③
```
   3 2 0
 ×     3
```

④
```
   2 1 0
 ×     4
```

⑤
```
   8 1 1
 ×     8
```

⑥
```
   7 2 3
 ×     3
```

2 次の計算をしましょう。

①
```
   1 1 6
×      5
-------
   5 8 0
```

②
```
   2 1 8
×      4
-------
```

③
```
   2 2 7
×      3
-------
```

④
```
   4 7 3
×      2
-------
```

⑤
```
   2 6 2
×      4
-------
```

⑥
```
   1 7 1
×      6
-------
```

⑦
```
   5 9 3
×      3
-------
   1
```

⑦ 3×3＝9
⑦ 3×9＝27（2は百の位に）
⑦ 3×5＝15、15＋2＝17

⑧
```
   3 0 2
×      4
-------
```

⑨
```
   7 0 6
×      2
-------
```

⑩
```
   5 0 8
×      3
-------
```

⑪
```
   6 7 8
×      8
-------
```

⑫
```
   2 3 7
×      9
-------
```

⑬
```
   4 7 8
×      7
-------
```

ロボたまにおしえよう！

```
   1 2 3
×      6
```
の計算は、くり上がりが（　　　）回あるよ。

トライ 次の計算をしましょう。

①
```
    2 4
×   1 2
    4 8
```

②
```
    4 5
×   1 7
      5
```

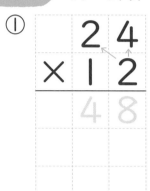
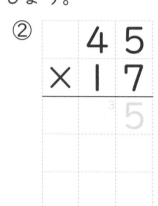

一の位から
じゅんに
計算すると…

位ごとに数を分けて、九九とたし算をします。

```
 十の位 一の位
    2 4
×   1 2
    4 8
```
ア 2×4=8
イ 2×2=4

➡

```
百の位 十の位 一の位
      2 4
×     1 2
      4 8
    2 4
```
ウ 1×4=4
エ 1×2=2

➡

```
百の位 十の位 一の位
      2 4
×     1 2
      4 8
  2 4 ○
  2 8 8
```
オ 48＋240＝288

カ 答え　288

トライの答え　①288　②765

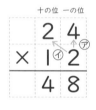

1 次の計算をしましょう。

①
```
    2 3
×   3 2
```

②
```
    4 2
×   2 2
```

③
```
    2 2
×   3 3
```

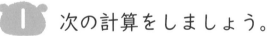
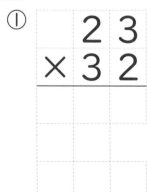
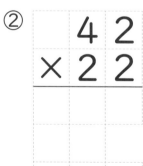

2 次の計算をしましょう。

①
```
    5 8
×   3 5
```

②
```
    3 2
×   9 6
```

③
```
    6 7
×   4 7
```

④
```
    7 5
×   5 6
```

⑤
```
    8 5
×   7 3
```

⑥
```
    9 6
×   9 7
```

⑦
```
    2 6
×   8 4
```

⑧
```
    1 5
×   7 8
```

⑨
```
    3 7
×   9 3
```

ロボたまにおしえよう！

```
    2 4
×   1 2
```
の答えは、24×2 と （　　×　　）の
合計だよ。

今日のやる気度は？
★★★★★

トライ 次の計算をしましょう。

①
```
    1 2 5
×     3 5
```

②
```
    3 2 6
×     2 6
```

③
```
    4 2 6
×     2 3
```

 2けた×2けたと同じようにできるかな？

2けた×2けたと同じように、一の位からじゅんに計算します。

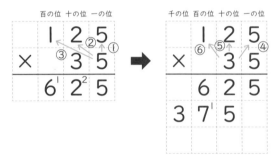 ➡  ➡
```
      1 2 5
×       3 5
      6 2 5   …125×5
    3 7 5 0   …125×30
  4 3 7 5   …625+3750
```

トライの答え　①4375　②8476　③9798

1 次の計算をしましょう。

①
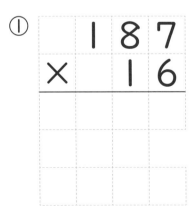
```
    1 8 7
×     1 6
```

②
```
    1 8 4
×     3 5
```

③
```
    2 2 6
×     3 6
```

58

2 次の計算をしましょう。

①
$$\begin{array}{r} 459 \\ \times\ \ 48 \\ \hline \end{array}$$

②
$$\begin{array}{r} 487 \\ \times\ \ 84 \\ \hline \end{array}$$

③
$$\begin{array}{r} 537 \\ \times\ \ 57 \\ \hline \end{array}$$

④
$$\begin{array}{r} 553 \\ \times\ \ 38 \\ \hline \end{array}$$

⑤
$$\begin{array}{r} 652 \\ \times\ \ 97 \\ \hline \end{array}$$

⑥
$$\begin{array}{r} 669 \\ \times\ \ 45 \\ \hline \end{array}$$

⑦
$$\begin{array}{r} 749 \\ \times\ \ 68 \\ \hline \end{array}$$

⑧
$$\begin{array}{r} 774 \\ \times\ \ 29 \\ \hline \end{array}$$

⑨
$$\begin{array}{r} 874 \\ \times\ \ 98 \\ \hline \end{array}$$

⑩
$$\begin{array}{r} 889 \\ \times\ \ 23 \\ \hline \end{array}$$

⑪
$$\begin{array}{r} 947 \\ \times\ \ 46 \\ \hline \end{array}$$

⑫
$$\begin{array}{r} 996 \\ \times\ \ 32 \\ \hline \end{array}$$

3けた×2けたのかけ算 ②

月　　日　　名前

トライ 正しい計算に○をつけましょう。

205×48

⑦
```
      2 0 5
    ×   4 8
    2 0⁴0
  1 0²0
  1 2 0 0
```
（　　）

⑨
```
      2 0 5
    ×   4 8
    1 6 4 0
    8 2 0
    9 8 4 0
```
（　　）

 ⑦と⑨の ちがいは なんだ～？

⑦は 8×0 の計算をとばして、8×2 の 16 とくり上げた 4 をたしているぞ。
8×0＝0 の答えと、くり上げた 4 をたして計算している⑨が○じゃよ。

 1 次の計算をしましょう。

①
```
    3 0 9
  ×   5 4
```

②
```
    4 0 2
  ×   7 4
```

③
```
    5 0 3
  ×   9 3
```

④
```
    6 0 5
  ×   3 6
```

⑤
```
    7 0 2
  ×   8 9
```

⑥
```
    8 0 8
  ×   2 3
```

2 次の計算をしましょう。

①
$$\begin{array}{r} 188 \\ \times\ 76 \\ \hline \end{array}$$

②
$$\begin{array}{r} 189 \\ \times\ 67 \\ \hline \end{array}$$

③
$$\begin{array}{r} 289 \\ \times\ 89 \\ \hline \end{array}$$

④
$$\begin{array}{r} 389 \\ \times\ 68 \\ \hline \end{array}$$

⑤
$$\begin{array}{r} 446 \\ \times\ 97 \\ \hline \end{array}$$

⑥
$$\begin{array}{r} 579 \\ \times\ 79 \\ \hline \end{array}$$

⑦
$$\begin{array}{r} 668 \\ \times\ 36 \\ \hline \end{array}$$

⑧
$$\begin{array}{r} 777 \\ \times\ 74 \\ \hline \end{array}$$

⑨
$$\begin{array}{r} 877 \\ \times\ 87 \\ \hline \end{array}$$

⑩
$$\begin{array}{r} 213 \\ \times\ 70 \\ \hline \end{array}$$

⑪
$$\begin{array}{r} 481 \\ \times\ 40 \\ \hline \end{array}$$

⑫
$$\begin{array}{r} 706 \\ \times\ 50 \\ \hline \end{array}$$

ロボたまに おしえよう！

$$\begin{array}{r} 188 \\ \times\ 76 \\ \hline \end{array}$$
の計算の答えは、
188×6 と 188×（　　　）の合計だよ。

15 小数のしくみ

月　　日　　名前

今日のやる気度は？
★★★★★

トライ 次の（　）にあてはまる数を、小数でかきましょう。

① 1L ます

（　　　　）L

② 1L ます

（　　　　）L

③ 0.1を5こ集めた数は（　　　　）です。

1を10こに分けているんだね

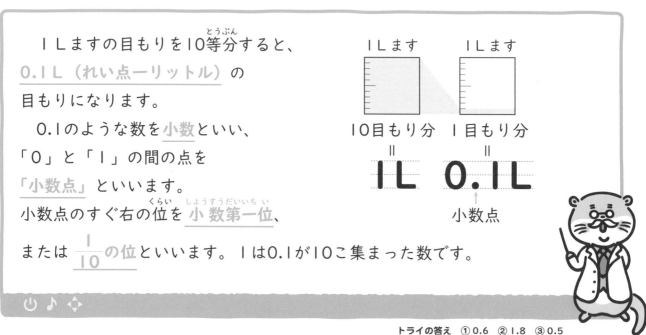

1L ますの目もりを10等分すると、
0.1L（れい点一リットル）の
目もりになります。

0.1のような数を小数といい、
「0」と「1」の間の点を
「小数点」といいます。
小数点のすぐ右の位を小数第一位、

または $\frac{1}{10}$ の位といいます。1は0.1が10こ集まった数です。

1L ます　　1L ます

10目もり分　1目もり分
＝　　　＝
1L　0.1L

小数点

トライの答え　①0.6　②1.8　③0.5

1 次の数直線の↑がしめす数をかきましょう。

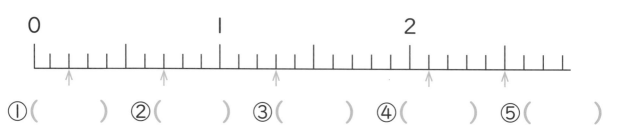

0　　　　　　1　　　　　　2

①（　　　）②（　　　）③（　　　）④（　　　）⑤（　　　）

2 ☐にあてはまる数をかきましょう。

① 0.1を9こ集めた数は、☐です。

② 0.1を10こ集めた数は、☐です。

③ 0.8は、0.1を☐こ集めた数です。

④ 1と0.3をあわせた数は、☐です。

⑤ 5.4は、5と☐をあわせた数です。

⑥ 4に0.1を3こあわせた数は、☐です。

⑦ 2.6は、2に0.1を☐こあわせた数です。

⑧ 0.1を18こ集めた数は、☐です。

⑨ 6.3は、0.1を☐こ集めた数です。

⑩ 8.7は、0.1を☐こ集めた数です。

ロボたまにおしえよう！

0.1を10こ集めたら（　　）、100こ集めたら（　　）に
なるよ。

月　　日　　名前

 トライ 次の計算をしましょう。

①
```
   1.5
 + 0.3
```

②
```
   2.4
 + 3.6
```

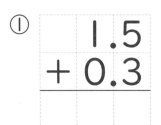 **パニック** 小数点があるけれど、ふつうに計算していいのかな？

①
```
    イ ア
    1.5
 + 0.3
    1.8
      ウ
```
⑦ 5+3=8
④ 1+0=1
⑤ 小数点をうつ

位をそろえてかき、小数第一位から
じゅんに計算をしていきます。
答えのマスに小数点をうつのを
わすれないようにしましょう。

②
```
   2.4
 + 3.6
   6.0  ←
```
②のように答えが整数になるときは、
左のように0と小数点を線で消します。

トライの答え　① 1.8　② 6

1 次の計算をしましょう。

①
```
   0.2
 + 0.7
```

②
```
   0.8
 + 0.6
```

③
```
   3.6
 + 1.6
```

④
```
   5.6
 + 3.4
```

2 次の計算をしましょう。

①
$$\begin{array}{r} 4.1 \\ +\ 3.7 \\ \hline \end{array}$$

②
$$\begin{array}{r} 2.5 \\ +\ 4.2 \\ \hline \end{array}$$

③
$$\begin{array}{r} 5.6 \\ +\ 3.9 \\ \hline \end{array}$$

④
$$\begin{array}{r} 2.8 \\ +\ 6.7 \\ \hline \end{array}$$

⑤
$$\begin{array}{r} 3.7 \\ +\ 4.3 \\ \hline \end{array}$$

⑥
$$\begin{array}{r} 6.2 \\ +\ 3.8 \\ \hline \end{array}$$

⑦
$$\begin{array}{r} 4.8 \\ +\ 2\ \ \\ \hline \end{array}$$

⑧
$$\begin{array}{r} 1\ \ \\ +\ 7.5 \\ \hline \end{array}$$

⑨ 6+2.4
$$\begin{array}{r} 6\ \ \\ +\ 2.4 \\ \hline \end{array}$$

⑩ 3+1.7

⑪ 7+3.7

⑫ 5+1.2

3 赤いリボンが2.7m、青いリボンが3.3mあります。
リボンはあわせて何mありますか。

式

答え _____

65

17 小数のひき算

月　日　名前

トライ 次の計算をしましょう。

①
```
   2.7
 − 1.5
```

②
```
   5
 − 2.6
```

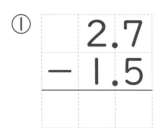

②は小数第一位のひかれる数がないよ！どうしよう！？

①
```
   (イ)(ア)
   2.7
 − 1.5
   1.2
```
(ア) 7−5＝2
(イ) 2−1＝1
(ウ) 小数点をうつ

位をそろえてかき、小数第一位から
じゅんに計算をしていきます。

②
```
    4
   5.0 ←
 − 2.6
   2.4
```
5.0−2.6として考えましょう。

トライの答え　①1.2　②2.4

1 次の計算をしましょう。

①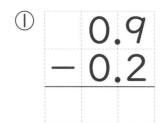
```
   0.9
 − 0.2
```

②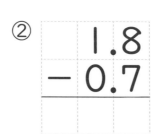
```
   1.8
 − 0.7
```

③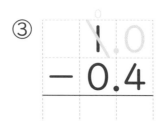
```
   1.0
 − 0.4
```

④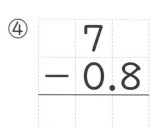
```
   7
 − 0.8
```

2 次の計算をしましょう。

①
$$\begin{array}{r} 3.6 \\ -2.4 \\ \hline \end{array}$$

②
$$\begin{array}{r} 3.2 \\ -1.5 \\ \hline \end{array}$$

③
$$\begin{array}{r} 1.8 \\ -0.9 \\ \hline \end{array}$$

④
$$\begin{array}{r} 1.7 \\ -0.8 \\ \hline \end{array}$$

⑤
$$\begin{array}{r} 2.5 \\ -0.5 \\ \hline 2.0 \end{array}$$

⑥
$$\begin{array}{r} 4.9 \\ -0.9 \\ \hline \end{array}$$

⑦
$$\begin{array}{r} 5 \\ -3.5 \\ \hline \end{array}$$

⑧
$$\begin{array}{r} 8.7 \\ -4 \\ \hline \end{array}$$

⑨ 6－2.4

⑩ 3－2.6

⑪ 7－3.7

⑫ 5－2.8

3 3mのテープを1.2m使いました。
のこりは何mですか。

式

答え _____

ロボたまに**おしえよう！**

5－1.7を筆算ですると $\begin{array}{r} () \\ -() \\ \hline () \end{array}$ になるよ。

18 分数のしくみ

月　日　名前

トライ 次の図を見て、かさを分数で表しましょう。

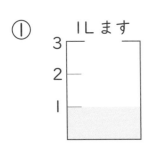
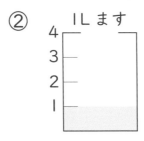

($\frac{}{3}$ L)　　　(　　　　　　)　　　(　　　　　　)

1目もりの大きさが、全部ちがうね

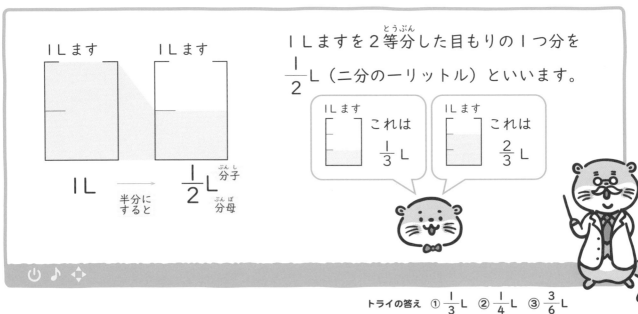

1Lますを2等分した目もりの1つ分を $\frac{1}{2}$ L（二分の一リットル）といいます。

これは $\frac{1}{3}$ L

これは $\frac{2}{3}$ L

1L → 半分にすると $\frac{1}{2}$ L　分子　分母

トライの答え ① $\frac{1}{3}$ L ② $\frac{1}{4}$ L ③ $\frac{3}{6}$ L

1 次の図を見て、かさを分数で表しましょう。

① 1Lます　② 1Lます　③ 1Lます

($\frac{}{3}$ L)　　　(　　　　　　)　　　(　　　　　　)

2 次の長さにあたるところに色をぬりましょう。

① $\frac{2}{3}$ m

② $\frac{3}{5}$ m

3等分した
テープの
2つ分だね！

3 次の数直線の（　）には分数を、▢には小数をかきましょう。

（分数の分母は10です。）

①（　　　）　②（　　　）　③（　　　）

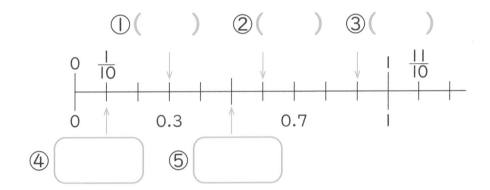

④ ▢　⑤ ▢

4 数の大きさをくらべて、▢に＞、＜をかきましょう。

① $\frac{1}{5}$ ▢ $\frac{2}{5}$　　② 1 ▢ $\frac{9}{10}$

③ $\frac{3}{4}$ ▢ 1　　④ $\frac{3}{9}$ ▢ $\frac{7}{9}$

⑤ 0.4 ▢ $\frac{6}{10}$　　⑥ $\frac{7}{10}$ ▢ 0.5

ロボたまにおしえよう！

1を分数で表すと $1 = \frac{(\ \ )}{10}$、$1 = \frac{(\ \ )}{5}$、$1 = \frac{(\ \ )}{3}$ だよ。

分数のたし算

月   日   名前

 次の計算をしましょう。

① $\dfrac{3}{5} + \dfrac{1}{5} =$

② $\dfrac{2}{5} + \dfrac{3}{5} =$

パニック

$\dfrac{3}{5} + \dfrac{1}{5} = \dfrac{4}{10}$ … あれ!?

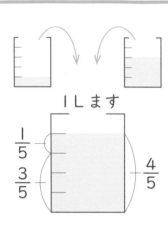

$\dfrac{3}{5}$Lと$\dfrac{1}{5}$Lのジュースを同じ入れ物に入れると、

$\dfrac{4}{5}$Lです。

$\dfrac{1}{5}$がいくつあるかで考えましょう。

また、分数は、分母と分子が同じ数は1です。

②は、$\dfrac{2}{5} + \dfrac{3}{5} = \dfrac{2+3}{5} = \dfrac{5}{5} = 1$ です。

分母が同じ数なら、分子だけたし算するんだね!

トライの答え ① $\dfrac{4}{5}$ ② 1

次の計算をしましょう。

① 1Lます ＋ 1Lます ＝ 1Lます ＝ 1

$\dfrac{3}{10} + \dfrac{7}{10} = \dfrac{10}{10} = \boxed{}$

② $\dfrac{1}{4} + \dfrac{2}{4} =$

③ $\dfrac{2}{3} + \dfrac{1}{3} =$

70

2 次の計算をしましょう。

① $\dfrac{1}{3} + \dfrac{1}{3} =$

② $\dfrac{4}{7} + \dfrac{3}{7} =$

③ $\dfrac{4}{5} + \dfrac{1}{5} =$

④ $\dfrac{1}{9} + \dfrac{7}{9} =$

3 次の計算をしましょう。

① $\dfrac{5}{9} + \dfrac{4}{9} =$ ② $\dfrac{1}{6} + \dfrac{5}{6} =$

③ $\dfrac{6}{7} + \dfrac{1}{7} =$ ④ $\dfrac{1}{9} + \dfrac{2}{9} =$

⑤ $\dfrac{3}{4} + \dfrac{1}{4} =$ ⑥ $\dfrac{2}{8} + \dfrac{5}{8} =$

ロボたまに おしえよう！

$\dfrac{1}{5} + \dfrac{4}{5}$ は、（分　　）どうしをたして $\dfrac{(\quad)}{(\quad)}$ で、

分母と分子が同じだから（　　　）だよ！

分数のひき算

月　　日　　名前

 次の計算をしましょう。

① $\dfrac{3}{5} - \dfrac{1}{5} =$

② $1 - \dfrac{2}{5} =$

はて？

たし算では、分母はそのままで分子どうしを計算していたけれど…

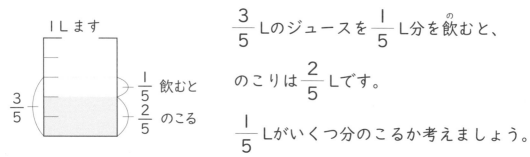

1Lます

$3\over5$

$\dfrac{1}{5}$ 飲むと　のこる
$\dfrac{2}{5}$

$\dfrac{3}{5}$ Lのジュースを $\dfrac{1}{5}$ L分を飲むと、

のこりは $\dfrac{2}{5}$ Lです。

$\dfrac{1}{5}$ Lがいくつ分のこるか考えましょう。

また、1は $\dfrac{5}{5}$ と同じなので、②は $\dfrac{5}{5} - \dfrac{2}{5}$ と考えます。

分母が同じ数なら、分子だけひき算するんだね！

トライの答え　① $\dfrac{2}{5}$　② $\dfrac{3}{5}$

 次の計算をしましょう。

①

1Lます　　1Lます　　1Lます

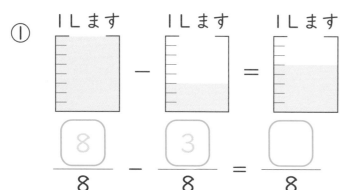

$$\dfrac{8}{8} - \dfrac{3}{8} = \dfrac{}{8}$$

② $1 - \dfrac{1}{4} = \dfrac{}{4} - \dfrac{1}{4} =$

③ $\dfrac{7}{9} - \dfrac{5}{9} =$

2 次の計算をしましょう。

① $\dfrac{4}{5} - \dfrac{3}{5} =$

② $\dfrac{7}{9} - \dfrac{2}{9} =$

③ $\dfrac{8}{10} - \dfrac{2}{10} =$

④ $\dfrac{2}{7} - \dfrac{1}{7} =$

3 次の計算をしましょう。

① $1 - \dfrac{1}{6} = \dfrac{6}{6} - \dfrac{1}{6}$
$=$

② $1 - \dfrac{5}{8} =$

③ $1 - \dfrac{3}{4} =$

④ $1 - \dfrac{4}{5} =$

⑤ $1 - \dfrac{4}{7} =$

⑥ $1 - \dfrac{5}{9} =$

ロボたまに **おしえよう!**

分母と（分　　）が同じ数ならどんな数字でも1になるよ。

たとえば、$1 = \dfrac{(\quad)}{(\quad)}$ だよ。

21 長さ

トライ　□にあてはまる数をかきましょう。

① 2000m ＝ □ km

② 1400m ＝ □ km □ m

　1km は何mかな？

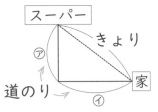

道のり…2つの地点を<u>道にそってはかった長さ</u>。
（⑦と④をたした長さ）

きょり…2つの地点を<u>まっすぐにはかった長さ</u>。

長さのたんいにキロメートルがあります。

1000m ＝ 1km（1キロメートル）です。

1400mは、1km400mともかけます。

トライの答え　①2　②1、400

□にあてはまる数をかきましょう。

① 5kmは □ mです。

② 1050mは □ km □ mです。

③ 700m＋300m ＝ □ m ＝ □ km

④ 1km－400m ＝ □ m－400m ＝ □ m

⑤ 3km800m＋200m ＝ 3km □ m ＝ □ km

ロボたまにおしえよう！

2つの地点を（　　　　）にそってはかった長さは
（　　　　　　）だよ。

22 重さ

月　　日　　名前

今日のやる気度は？
☆☆☆☆☆

トライ □にあてはまる数をかきましょう。

① 2kg = [　　　] g

② 3000kg = [　　　] t

1kg は何 g で、1t は何 kg かな!?

重さのたんいに、**グラム**（g）、**キログラム**（kg）、**トン**（t）があります。

1000 g = 1 kg
体重はkgを使うね

1000kg = 1 t
船の重さなど、重いものは t で表されることもあるよ

k（キロ）は「1000」を表すよ。m（メートル）のときも出てきたね！

トライの答え　① 2000　② 3

---

1 □にあてはまる数をかきましょう。

①　1g　—1000倍→　⑦ [　　　] g ／ ④ [　　　] kg　—1000倍→　⑨ [　　　] kg ／ ⑥ [　　　] t

②　2kg400g = [　　　] g　③　4200g = [　] kg [　　　] g

2 □にあてはまる重さのたんいをかきましょう。

① 自転車1台の重さ　13 [　　]

② バス1台の重さ　14 [　　]

③ バナナ1本の重さ　150 [　　]

ロボたまにおしえよう！

赤ちゃんの体重3000gをkgで表すと（　　　　）kg だよ。

75

23 円と球

月　日　名前

トライ　（　）にあてはまる数をかきましょう。

① 直径 10cmの円の半径は （　　　　　） cmです。

② 半径６cmの円の直径は （　　　　　） cmです。

半径と直径、にている言葉だけれど…

半径　円の中心
直径

円の真ん中の点を円の中心といいます。

半径 …円の中心からまわりまで引いた直線。

直径 …円の中心を通り、まわりからまわりまで
引いた直線。

直径は半径の２倍の長さ ➡ ①は10cmの半分、②は６cmの２倍の
長さになります。

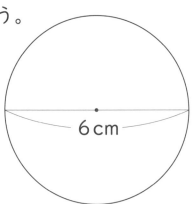

トライの答え　①5　②12

1　（　）にあてはまる数をかきましょう。

① 右の円の直径は

（　　　　　） cmです。

② 右の円の半径は

（　　　　　） cmです。

6cm

2 次の図の円の直径と半径をもとめましょう。

式

40cm

円が２つで40cm
だから、１つの円
の直径は…

答え　直径　　　　　半径

下の図は、球を半分に切ったところです。（ ）にあてはまる
ことばをかきましょう。

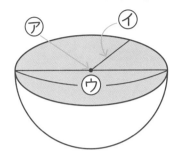

⑦　球の　（　　　　　）

⑦　球の　（　　　　　）

⑦　球の　（　　　　　）

⑦　球を切った切り口の形はいつも　（　　　　　　　）　です。

ボールを半分に切ったような形だね

どの方向から見ても円に見える形を <u>球</u> といいます。球にも、球の中心や直径、半径があります。

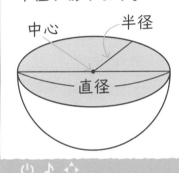

球は、どこを切っても
切り口は円だよ

トライの答え　⑦ 中心　⑦ 半径　⑦ 直径　⑦ 円

箱の中にボールがぴったり入っています。箱の内がわの長さは
短い方が20cmです。ボールの半径は何cmですか。

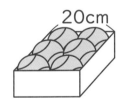

式

答え _____

ロボたまにおしえよう！

円のアは（　　　　　）、イは（　　　　　）
というよ！

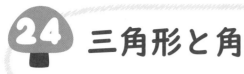

24 三角形と角

月　日　名前

トライ　⑦と⑦で、角の大きいほうに○をつけましょう。

①

⑦　⑦

②

⑦　⑦

（　　　　）（　　　　）　　　（　　　　）（　　　　）

はて？

②は、辺の長い方が角も大きく見えるけれど…

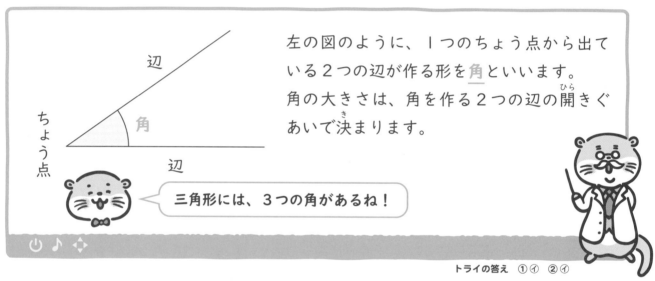

左の図のように、１つのちょう点から出ている２つの辺が作る形を<u>角</u>といいます。
角の大きさは、角を作る２つの辺の開きぐあいで決まります。

三角形には、３つの角があるね！

トライの答え　①⑦　②⑦

三角じょうぎの角について答えましょう。

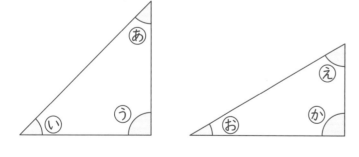

①　直角になっている角は、どれとどれですか。

（　　　と　　　）

②　あ〜かの角のうち、いちばん小さい角はどれですか。

（　　　　　）

トライ 次の文を読み、二等辺三角形には「二」、正三角形には「正」を
（　　）にかきましょう。

（　　）　3つの辺の長さが等しい三角形

（　　）　2つの角の大きさが同じ三角形

（　　）　3つの辺の長さが5cm、6cm、5cmの三角形

（　　）　7cmのストロー3本でできる三角形

 何が、どれだけ等しいかで見分けたらいいの〜？

2つの辺の長さが等しい三角形を
二等辺三角形といいます。

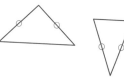 2つの角の
大きさも
等しいよ

3つの辺の長さが等しい三角形を
正三角形といいます。

3つの角の
大きさも
等しいよ

等しい角や辺がいくつあるかで決まるんだね！

トライの答え （上からじゅんに）正、二、二、正

 次の円を使って三角形をかきましょう。

① 二等辺三角形を2つ　　② 正三角形を2つ

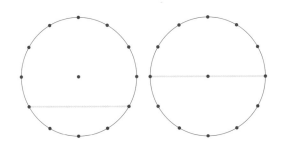　　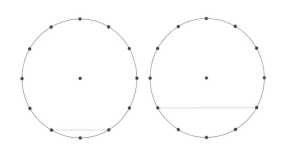

ロボたまにおしえよう！

服をかけるハンガーは（　　　　　　）三角形に近い形だね。

学力の基礎をきたえどの子も伸ばす研究会

HPアドレス　http://gakuryoku.info/

常任委員長　岸本ひとみ
事務局　〒675-0032 加古川市加古川町備後 178-1-2-102 岸本ひとみ方　☎・Fax 0794-26-5133

① めざすもの

　私たちは、すべての子どもたちが、日本国憲法と子どもの権利条約の精神に基づき、確かな学力の形成を通して豊かな人格の発達が保障され、民主平和の日本の主権者として成長することを願っています。しかし、発達の基盤ともいうべき学力の基礎を鍛えられないまま落ちこぼれている子どもたちが普遍化し、「荒れ」の情況があちこちで出てきています。

　私たちは、「見える学力、見えない学力」を共に養うこと、すなわち、基礎の学習をやり遂げさせることと、読書やいろいろな体験を積むことを通して、子どもたちが「自信と誇りとやる気」を持てるようになると考えています。

　私たちは、人格の発達が歪められている情況の中で、それを克服し、子どもたちが豊かに成長するような実践に挑戦します。

　そのために、つぎのような研究と活動を進めていきます。
　　①　「読み・書き・計算」を基軸とした学力の基礎をきたえる実践の創造と普及。
　　②　豊かで確かな学力づくりと子どもを励ます指導と評価の探究。
　　③　特別な力量や経験がなくても、その気になれば「いつでも・どこでも・だれでも」ができる実践の普及。
　　④　子どもの発達を軸とした父母・国民・他の民間教育団体との協力、共同。
　私たちの実践が、大多数の教職員や父母・国民の方々に支持され、大きな教育運動になるよう地道な努力を継続していきます。

② 会　　員

・本会の「めざすもの」を認め、会費を納入する人は、会員になることができる。
・会費は、年4000円とし、7月末までに納入すること。①または②

①郵便振替　口座番号　00920-9-319769　名　称　学力の基礎をきたえどの子も伸ばす研究会	②ゆうちょ銀行　店番099　店名〇九九店（ゼロキュウキュウ）当座0319769

・特典　研究会をする場合、講師派遣の補助を受けることができる。
　　　　大会参加費の割引を受けることができる。
　　　　学力研ニュース、研究会などの案内を無料で送付してもらうことができる。
　　　　自分の実践を学力研ニュースなどに発表することができる。
　　　　研究の部会を作り、会場費などの補助を受けることができる。
　　　　地域サークルを作り、会場費の補助を受けることができる。

③ 活　　　動

全国家庭塾連絡会と協力して以下の活動を行う。
・全 国 大 会　全国の研究、実践の交流、深化をはかる場とし、年1回開催する。通常、夏に行う。
・地域別集会　地域の研究、実践の交流、深化をはかる場とし、年1回開催する。
・合宿研究会　研究、実践をさらに深化するために行う。
・地域サークル　日常の研究、実践の交流、深化の場であり、本会の基本活動である。
　　　　　　　可能な限り月1回の月例会を行う。
・全国キャラバン　地域の要請に基づいて講師派遣をする。

全 国 家 庭 塾 連 絡 会

① めざすもの

　私たちは、日本国憲法と教育基本法の精神に基づき、すべての子どもたちが確かな学力と豊かな人格を身につけて、わが国の主権者として成長することを願っています。しかし、わが子も含めて、能力があるにもかかわらず、必要な学力が身につかないままになっている子どもたちがたくさんいることに心を痛めています。

　私たちは学力研が追究している教育活動に学びながら、「全国家庭塾連絡会」を結成しました。

　この会は、わが子に家庭学習の習慣化を促すことを主な活動内容とする家庭塾運動の交流と普及を目的としています。

　私たちの試みが、多くの父母や教職員、市民の方々に支持され、地域に根ざした大きな運動になるよう学力研と連携しながら努力を継続していきます。

② 会　　員

本会の「めざすもの」を認め、会費を納入する人は会員になれる。
会費は年額1500円とし（団体加入は年額3000円）、8月末までに納入する。
会員は会報や連絡交流会の案内、学力研集会の情報などをもらえる。

事務局　〒564-0041 大阪府吹田市泉町 4-29-13 影浦邦子方　☎・Fax 06-6380-0420
郵便振替　口座番号　00900-1-109969　　名称　全国家庭塾連絡会

算数だいじょうぶドリル　小学3年生

2021年1月20日　発行

●著者／金井 敬之
●デザイン／美濃企画株式会社
●制作担当編集／青木 圭子
●企画／清風堂書店
●HP／http://foruma.co.jp

●発行者／面屋 尚志
●発行所／フォーラム・A
　〒530-0056 大阪市北区兎我野町15-13 ミユキビル
　TEL／06-6365-5606　FAX／06-6365-5607
　振替／00970-3-127184
　乱丁・落丁本はおとりかえいたします。

1　① 77　② 89　③ 99

2　① 92　② 85　③ 92
　　④ 114　⑤ 124　⑥ 130
　　⑦ 116　⑧ 135　⑨ 143
　　⑩ 98　⑪ 101　⑫ 101
　　⑬ 165　⑭ 282　⑮ 377

ロボたまに**おしえよう！**　28

1　① 25　② 17　③ 27

2　① 142　② 127　③ 41
　　④ 42　⑤ 89　⑥ 78
　　⑦ 66　⑧ 68　⑨ 85
　　⑩ 66　⑪ 59　⑫ 79
　　⑬ 96　⑭ 94　⑮ 98

ロボたまに**おしえよう！**　十、下（さ）

1　① 99　② 31　③ 84
　　④ 26　⑤ 100　⑥ 9
　　⑦ 212　⑧ 222　⑨ 82
　　⑩ 135　⑪ 83　⑫ 234
　　⑬ 63　⑭ 161　⑮ 67

2　しき　150-63=87　答え　87円

3　しき　87+93=180　答え　180人

4　しき　102-87=15　答え　15まい

ロボたまに**おしえよう！**　ひき、たし

1　① 1組
　　②
　　（　）
　　（○）

　　③　しき　35-5=30　答え　30人

2　しき　8+12=20　答え　20人

ロボたまに**おしえよう！**　ひき

1　① 2cm5mm
　　② 6cm2mm
　　③ 10cm

2　① 1m50cm
　　② 80cm
　　③ 2m

3 ① 2 cm 5 mm

② 8 m 70 cm

③ 5 m 30 cm

4 ① m

② cm

③ mm

④ m

⑤ cm

ロボたまに **おしえよう!**　10、100、120、70

p.14-15　**6**　かけ算九九

（かけ算のいみと2、5のだん）

1　6 × 3 ＝ 18

2 ① 8　　　⑩ 10

② 6　　　⑪ 30

③ 16　　⑫ 20

④ 2　　　⑬ 5

⑤ 18　　⑭ 40

⑥ 4　　　⑮ 25

⑦ 10　　⑯ 15

⑧ 14　　⑰ 45

⑨ 12　　⑱ 35

3　しき　2 × 5 ＝ 10　　　答え　10本

p.16-17　**7**　かけ算九九

（3、4、6、7のだん）

1 ① 9　　　⑩ 28

② 18　　⑪ 16

③ 27　　⑫ 4

④ 6　　　⑬ 8

⑤ 15　　⑭ 36

⑥ 24　　⑮ 32

⑦ 3　　　⑯ 24

⑧ 12　　⑰ 20

⑨ 21　　⑱ 12

2　しき　3 × 4 ＝ 12　　　答え　12こ

3 ① 18　　⑩ 21

② 30　　⑪ 49

③ 12　　⑫ 35

④ 54　　⑬ 63

⑤ 42　　⑭ 28

⑥ 6　　　⑮ 7

⑦ 48　　⑯ 42

⑧ 36　　⑰ 14

⑨ 24　　⑱ 56

4　しき　6 × 7 ＝ 42　　　答え　42 cm

p.18-19 **8** かけ算九九
（8、9、1のだん）

1
① 40		⑩ 9
② 64		⑪ 81
③ 8		⑫ 18
④ 48		⑬ 45
⑤ 16		⑭ 72
⑥ 72		⑮ 27
⑦ 32		⑯ 36
⑧ 56		⑰ 63
⑨ 24		⑱ 54

2 しき　9×8＝72　　　　　答え　72こ

3
① 2		⑩ 14
② 6		⑪ 27
③ 4		⑫ 32
④ 1		⑬ 30
⑤ 8		⑭ 42
⑥ 5		⑮ 56
⑦ 3		⑯ 48
⑧ 9		⑰ 72
⑨ 7		⑱ 9

4 しき　1×5＝5　　　答え　5つ（こ）

p.20-21 **9** マス計算と九九をつかったもんだい

1 ①

かけられる数 ＼ かける数		3	5	8	6	1	9	4	7	2
2のだん	2	6	10	16	12	2	18	8	14	4

②

×	5	1	9	8	2	6	3	7	4	×
2	10	2	18	16	4	12	6	14	8	2
4	20	4	36	32	8	24	12	28	16	4
7	35	7	63	56	14	42	21	49	28	7
5	25	5	45	40	10	30	15	35	20	5
9	45	9	81	72	18	54	27	63	36	9
×	5	1	9	8	2	6	3	7	4	×
6	30	6	54	48	12	36	18	42	24	6
1	5	1	9	8	2	6	3	7	4	1
8	40	8	72	64	16	48	24	56	32	8
3	15	3	27	24	6	18	9	21	12	3

2 しき　8×4＝32　　　　　答え　32こ

3 しき　9×6＝54　　　　　答え　54人

4 しき　7×3＝21　　　　　答え　21日

ロボたまにおしえよう！　3、5

3つ目の（ ）は、自分のとくいな九九のだんがかけていればイイヨ！

5

1 ①
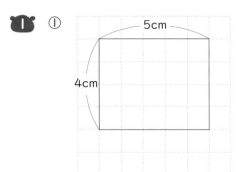

②
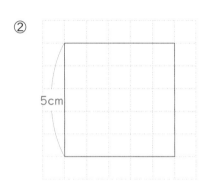

2 ①
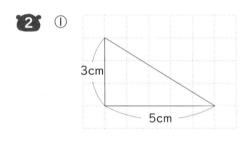

② （れい）
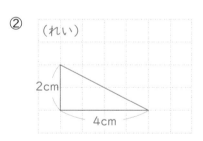

ロボたまに**おしえよう！** 正方形、直角三角形

1 ① 10、1000
② 5、50
③ 70
④ 4、6
⑤ 3
⑥ 1、8

2 ① 800 mL＋200 mL＝1000 mL＝1 L
② 1 L－600 mL＝1000 mL－600 mL
＝400 mL
③ 5 L 7 dL
④ 4 L 9 dL

ロボたまに**おしえよう！** 10、100、1000

1 45分間

2 2時間

3 ① 午前10時 ② 午後2時

ロボたまに**おしえよう！** 60、24

p. 28-29 ⑬ 🐟 1000までの数

❶ ①

0　100　200　[300]　400　[500][600]　700

②

400　[500]　600　[700]　800　[900][1000]

❷ ① 303 ＜ 330

② 543 ＞ 345

③ 198 ＞ 189

❸ ① 700

② 499

③ 1000

④ 750

ロボたまに **おしえよう!** 　十、百、千

10、100、1000でもイイヨ！

p. 30-31 ⑭ 🐟 一万までの数

❶ ① 6

② 8503

③ 7600

❷ ① 10

② 100

③ 1000

④ 10000

❸ ① 3107 ＞ 3018

② 9060 ＜ 9600

③ 4560 ＜ 4650

④ 1200 ＝ 700+500

❹ ① 6000

② 10000

③ 9990

④ 1500

⑤ 900

ロボたまに **おしえよう!** 　一万、100

p. 32　さんすうクロスワード

	①い		②ろ		③し
④い	ち	の	く	ら	い
	じ		ご		ち
	⑤か	さ		⑥し	
⑦よ	ん		⑧は	ち	に

7

p.34-35 **1** 3けたのたし算

 ①
$$\begin{array}{r} 268 \\ +630 \\ \hline 898 \end{array}$$
②
$$\begin{array}{r} 609 \\ +153 \\ \hline 762 \end{array}$$
③
$$\begin{array}{r} 256 \\ +683 \\ \hline 939 \end{array}$$

 ①
$$\begin{array}{r} 269 \\ +582 \\ \hline 851 \end{array}$$
②
$$\begin{array}{r} 142 \\ +479 \\ \hline 621 \end{array}$$

③
$$\begin{array}{r} 379 \\ +276 \\ \hline 655 \end{array}$$
④
$$\begin{array}{r} 436 \\ +275 \\ \hline 711 \end{array}$$
⑤
$$\begin{array}{r} 187 \\ +529 \\ \hline 716 \end{array}$$

⑥
$$\begin{array}{r} 498 \\ +357 \\ \hline 855 \end{array}$$
⑦
$$\begin{array}{r} 298 \\ +646 \\ \hline 944 \end{array}$$
⑧
$$\begin{array}{r} 565 \\ +369 \\ \hline 934 \end{array}$$

3 式 457＋398＝855 　　答え　855円

ロボたまにおしえよう！

れい　7＋4 、　9＋9　など

 自分の苦手なくり上がりのたし算が
かけていればイイヨ！

p.36-37 **2** 3けたのひき算

 ①
$$\begin{array}{r} 589 \\ -369 \\ \hline 220 \end{array}$$
②
$$\begin{array}{r} 593 \\ -264 \\ \hline 329 \end{array}$$
③
$$\begin{array}{r} 931 \\ -654 \\ \hline 277 \end{array}$$

 ①
$$\begin{array}{r} 500 \\ -\ \ 8 \\ \hline 492 \end{array}$$

②
$$\begin{array}{r} 900 \\ -\ 12 \\ \hline 888 \end{array}$$
③
$$\begin{array}{r} 105 \\ -\ 28 \\ \hline 77 \end{array}$$
④
$$\begin{array}{r} 802 \\ -\ 35 \\ \hline 767 \end{array}$$

⑤
$$\begin{array}{r} 314 \\ -287 \\ \hline 27 \end{array}$$
⑥
$$\begin{array}{r} 736 \\ -547 \\ \hline 189 \end{array}$$
⑦
$$\begin{array}{r} 528 \\ -229 \\ \hline 299 \end{array}$$

3 式　340－67＝273　　　答え　273まい

ロボたまにおしえよう！

れい　17－8 、　13－5　など

 自分の苦手なくり下がりのひき算が
かけていればイイヨ！

p.38-39 **3** 0、10のかけ算と九九の
きまり

 ① 0　②　0　③　0
④ 20　⑤ 50　⑥ 0

① 4
② 8

ロボたまにおしえよう！　5、6

p.40-41 **4** あなあきかけ算

① 7　⑨ 8
② 4　⑩ 9
③ 6　⑪ 6
④ 5　⑫ 9
⑤ 7　⑬ 6
⑥ 6　⑭ 3
⑦ 3　⑮ 6
⑧ 4　⑯ 2

① 8　⑪ 9
② 7　⑫ 9
③ 2　⑬ 8
④ 7　⑭ 9
⑤ 8　⑮ 6
⑥ 7　⑯ 9

⑦	5	⑰	6
⑧	5	⑱	5
⑨	8	⑲	8
⑩	9	⑳	3

ロボたまに**おしえよう!**　5

p.42-43 5 あまりのないわり算 ①

式　$20 \div 5 = 4$　　答え　4本

式　$24 \div 3 = 8$　　答え　8人

ロボたまに**おしえよう!**　にこにこ、ドキドキ

p.44-45 6 あまりのないわり算 ②

 1
①	2	⑭	1
②	0	⑮	2
③	9	⑯	3
④	7	⑰	4
⑤	7	⑱	9
⑥	4	⑲	2
⑦	8	⑳	5
⑧	7	㉑	5
⑨	4	㉒	7
⑩	5	㉓	6
⑪	4	㉔	0
⑫	8	㉕	7
⑬	2	㉖	4

2
①	3	⑮	6
②	8	⑯	3
③	2	⑰	8
④	9	⑱	2
⑤	0	⑲	5
⑥	3	⑳	8
⑦	7	㉑	6
⑧	2	㉒	0
⑨	9	㉓	9
⑩	1	㉔	9
⑪	6	㉕	1
⑫	2	㉖	6
⑬	4	㉗	6
⑭	5	㉘	9

ロボたまに**おしえよう!**

 自分の苦手な九九のだんがかけていればイイヨ！

p.46-47 7 あまりのあるわり算 ①

①	9あまり2	⑬	9あまり2
②	6あまり1	⑭	4あまり1
③	7あまり3	⑮	9あまり4
④	9あまり2	⑯	2あまり1
⑤	8あまり2	⑰	6あまり3
⑥	7あまり3	⑱	3あまり5
⑦	9あまり1	⑲	7あまり3
⑧	3あまり4	⑳	6あまり2
⑨	6あまり1	㉑	6あまり3
⑩	8あまり1	㉒	2あまり8
⑪	4あまり3	㉓	6あまり4
⑫	3あまり2	㉔	2あまり3

p.48-49 🍄 **8** あまりのあるわり算 ②

🐻 ① 1あまり6　⑭ 1あまり4
② 6あまり7　⑮ 8あまり5
③ 8あまり2　⑯ 6あまり5
④ 3あまり5　⑰ 3あまり7
⑤ 1あまり5　⑱ 5あまり6
⑥ 4あまり5　⑲ 3あまり4
⑦ 8あまり7　⑳ 8あまり3
⑧ 3あまり1　㉑ 3あまり7
⑨ 2あまり4　㉒ 3あまり2
⑩ 4あまり3　㉓ 6あまり4
⑪ 7あまり4　㉔ 3あまり6
⑫ 3あまり2　㉕ 2あまり7
⑬ 2あまり7　㉖ 5あまり6

🐻 **2** しき　33÷6＝5あまり3
答え　1人分は5こで、3こあまる

🐻 **3** しき　25÷7＝3あまり4
答え　3本できて、4cmあまる

🐻 **4** しき　60÷7＝8あまり4
答え　8こ

🐻 **5** しき　34÷4＝8あまり2
8＋1＝9
答え　9きゃく

ロボたまに **おしえよう!**　8

p.50-51 🍄 **9** 一万より大きな数

🐻 ① 32168
② 20759000
③ 8300000
④ 99999999

🐻 **1** ① 92000
② 5000万
③ 20000
④ 8000万

🐻 **2** ① 4500
② 60万
③ 902万
④ 1000万

ロボたまに **おしえよう!**　4、8

p.52-53 🍄 **10** 2けた×1けたのかけ算

🐻 **1**
① 11×7＝77
② 24×2＝48
③ 33×2＝66
④ 43×2＝86

🐻 **2**
① 53×2＝106
② 31×5＝155
③ 64×2＝128
④ 43×3＝129
⑤ 85×2＝170
⑥ 95×4＝380
⑦ 48×5＝240
⑧ 62×5＝310
⑨ 84×8＝672
⑩ 35×7＝245
⑪ 49×8＝392
⑫ 64×6＝384
⑬ 13×8＝104
⑭ 58×9＝522
⑮ 37×6＝222
⑯ 64×8＝512

ロボたまに **おしえよう!**　2、1、10

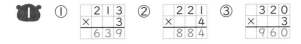

p.54-55 ⑪ 3けた×1けたのかけ算

①

① 213 × 3 = 639
② 221 × 4 = 884
③ 320 × 3 = 960

④ 210 × 4 = 840
⑤ 811 × 8 = 6488
⑥ 723 × 3 = 2169

②

① 116 × 5 = 580
② 218 × 4 = 872
③ 227 × 3 = 681

④ 473 × 2 = 946
⑤ 262 × 4 = 1048
⑥ 171 × 6 = 1026

⑦ 593 × 3 = 1779

⑧ 302 × 4 = 1208
⑨ 706 × 2 = 1412
⑩ 508 × 3 = 1524

⑪ 678 × 8 = 5424
⑫ 237 × 9 = 2133
⑬ 478 × 7 = 3346

ロボたまに **おしえよう！** 2

p.56-57 ⑫ 2けた×2けたのかけ算

①

① 23 × 32 → 46 / 69 / 736
② 42 × 22 → 84 / 84 / 924
③ 22 × 33 → 66 / 66 / 726

②

① 58 × 35 → 290 / 174 / 2030
② 32 × 96 → 192 / 288 / 3072
③ 67 × 47 → 469 / 268 / 3149

④ 75 × 56 → 450 / 375 / 4200
⑤ 85 × 73 → 255 / 595 / 6205
⑥ 96 × 97 → 672 / 864 / 9312

⑦ 26 × 84 → 104 / 208 / 2184
⑧ 15 × 78 → 120 / 105 / 1170
⑨ 37 × 93 → 111 / 333 / 3441

ロボたまに **おしえよう！** 24×10

p.58-59 ⑬ 3けた×2けたのかけ算 ①

①

① 187 × 16 → 1122 / 187 / 2992
② 184 × 35 → 920 / 552 / 6440
③ 226 × 36 → 1356 / 678 / 8136

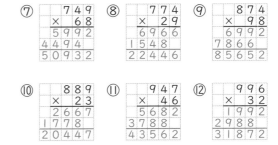

②

① 459 × 48 → 3672 / 1836 / 22032
② 487 × 84 → 1948 / 3896 / 40908
③ 537 × 57 → 3759 / 2685 / 30609

④ 553 × 38 → 4424 / 1659 / 21014
⑤ 652 × 97 → 4564 / 5868 / 63244
⑥ 669 × 45 → 3345 / 2676 / 30105

⑦ 749 × 68 → 5992 / 4494 / 50932
⑧ 774 × 29 → 6966 / 1548 / 22446
⑨ 874 × 98 → 6992 / 7866 / 85652

⑩ 889 × 23 → 2667 / 1778 / 20447
⑪ 947 × 46 → 5682 / 3788 / 43562
⑫ 996 × 32 → 1992 / 2988 / 31872

p.60-61 ⑭ 3けた×2けたのかけ算 ②

①

① 309 × 54 → 1236 / 1545 / 16686
② 402 × 74 → 1608 / 2814 / 29748
③ 503 × 93 → 1509 / 4527 / 46779

④ 605 × 36 → 3630 / 1815 / 21780
⑤ 702 × 89 → 6318 / 5616 / 62478
⑥ 808 × 23 → 2424 / 1616 / 18584

②

① 188 × 76 → 1128 / 1316 / 14288
② 189 × 67 → 1323 / 1134 / 12663
③ 289 × 89 → 2601 / 2312 / 25721

④ 389 × 68 → 3112 / 2334 / 26452
⑤ 446 × 97 → 3122 / 4014 / 43262
⑥ 579 × 79 → 5211 / 4053 / 45741

⑦ 668 × 36 → 4008 / 2004 / 24048
⑧ 777 × 74 → 3108 / 5439 / 57498
⑨ 877 × 87 → 6139 / 7016 / 76299

⑩ 213 × 70 = 14910
⑪ 481 × 40 = 19240
⑫ 706 × 50 = 35300

ロボたまに **おしえよう！**　70

p.62-63 **15** 小数のしくみ

1 ① 0.2
② 0.7
③ 1.3
④ 2.1
⑤ 2.5

2 ① 0.9
② 1
③ 8
④ 1.3
⑤ 0.4
⑥ 4.3
⑦ 6
⑧ 1.8
⑨ 63
⑩ 87

ロボたまに **おしえよう！**　1、10

p.64-65 **16** 小数のたし算

1
① $0.2+0.7=0.9$　② $0.8+0.6=1.4$　③ $3.6+1.6=5.2$　④ $5.6+3.4=9.0$

2
① $4.1+3.7=7.8$　② $2.5+4.2=6.7$　③ $5.6+3.9=9.5$　④ $2.8+6.7=9.5$
⑤ $3.7+4.3=8.0$　⑥ $6.2+3.8=10.0$　⑦ $4.8+2=6.8$　⑧ $1+7.5=8.5$
⑨ $6+2.4=8.4$　⑩ $3+1.7=4.7$　⑪ $7+3.7=10.7$　⑫ $5+1.2=6.2$

3 式 $2.7+3.3=6$ 　　答え　6m

ロボたまに **おしえよう！**　$3.6+4=7.6$

p.66-67 **17** 小数のひき算

1
① $0.9-0.2=0.7$　② $1.8-0.7=1.1$　③ $1-0.4=0.6$　④ $7-0.8=6.2$

2
① $3.6-2.4=1.2$　② $3.2-1.5=1.7$　③ $1.8-0.9=0.9$　④ $1.7-0.8=0.9$
⑤ $2.5-0.5=2.0$　⑥ $4.9-0.9=4.0$　⑦ $5-3.5=1.5$　⑧ $8.7-4=4.7$
⑨ $6-2.4=3.6$　⑩ $3-2.6=0.4$　⑪ $7-3.7=3.3$　⑫ $5-2.8=2.2$

3 式 $3-1.2=1.8$ 　　答え　1.8m

ロボたまに **おしえよう！**　$5-1.7=3.3$

p.68-69 **18** 分数のしくみ

1 ① $\frac{2}{3}$ L
② $\frac{2}{4}$ L
③ $\frac{5}{6}$ L

2 ①

②

3 ① $\dfrac{3}{10}$　② $\dfrac{6}{10}$　③ $\dfrac{9}{10}$

　　④ 0.1　⑤ 0.5

4 ① $\dfrac{1}{5} < \dfrac{2}{5}$　② $1 > \dfrac{9}{10}$

　　③ $\dfrac{3}{4} < 1$　④ $\dfrac{3}{9} < \dfrac{7}{9}$

　　⑤ $0.4 < \dfrac{6}{10}$　⑥ $\dfrac{7}{10} > 0.5$

ロボたまに おしえよう!　10、5、3

p. 70-71　**19**　分数のたし算

1 ① $\dfrac{3}{10} + \dfrac{7}{10} = \dfrac{10}{10} = 1$

　　② $\dfrac{1}{4} + \dfrac{2}{4} = \dfrac{3}{4}$

　　③ $\dfrac{2}{3} + \dfrac{1}{3} = \dfrac{3}{3} = 1$

2 ① $\dfrac{1}{3} + \dfrac{1}{3} = \dfrac{2}{3}$

　　② $\dfrac{4}{7} + \dfrac{3}{7} = \dfrac{7}{7} = 1$

　　③ $\dfrac{4}{5} + \dfrac{1}{5} = \dfrac{5}{5} = 1$

　　④ $\dfrac{1}{9} + \dfrac{7}{9} = \dfrac{8}{9}$

3 ① $\dfrac{5}{9} + \dfrac{4}{9} = \dfrac{9}{9} = 1$

　　② $\dfrac{1}{6} + \dfrac{5}{6} = \dfrac{6}{6} = 1$

　　③ $\dfrac{6}{7} + \dfrac{1}{7} = \dfrac{7}{7} = 1$

　　④ $\dfrac{1}{9} + \dfrac{2}{9} = \dfrac{3}{9}$

　　⑤ $\dfrac{3}{4} + \dfrac{1}{4} = \dfrac{4}{4} = 1$

　　⑥ $\dfrac{2}{8} + \dfrac{5}{8} = \dfrac{7}{8}$

ロボたまに おしえよう!　分子、$\dfrac{5}{5}$、1

p. 72-73　**20**　分数のひき算

1 ① $\dfrac{8}{8} - \dfrac{3}{8} = \dfrac{5}{8}$

　　② $1 - \dfrac{1}{4} = \dfrac{4}{4} - \dfrac{1}{4} = \dfrac{3}{4}$

　　③ $\dfrac{7}{9} - \dfrac{5}{9} = \dfrac{2}{9}$

2 ① $\dfrac{4}{5} - \dfrac{3}{5} = \dfrac{1}{5}$

　　② $\dfrac{7}{9} - \dfrac{2}{9} = \dfrac{5}{9}$

　　③ $\dfrac{8}{10} - \dfrac{2}{10} = \dfrac{6}{10}$

　　④ $\dfrac{2}{7} - \dfrac{1}{7} = \dfrac{1}{7}$

3 ① $1 - \dfrac{1}{6} = \dfrac{6}{6} - \dfrac{1}{6}$
$= \dfrac{5}{6}$

② $1 - \dfrac{5}{8} = \dfrac{8}{8} - \dfrac{5}{8}$
$= \dfrac{3}{8}$

③ $1 - \dfrac{3}{4} = \dfrac{4}{4} - \dfrac{3}{4}$
$= \dfrac{1}{4}$

④ $1 - \dfrac{4}{5} = \dfrac{5}{5} - \dfrac{4}{5}$
$= \dfrac{1}{5}$

⑤ $1 - \dfrac{4}{7} = \dfrac{7}{7} - \dfrac{4}{7}$
$= \dfrac{3}{7}$

⑥ $1 - \dfrac{5}{9} = \dfrac{9}{9} - \dfrac{5}{9}$
$= \dfrac{4}{9}$

ロボたまに **おしえよう!**　分子

れい　$\dfrac{7}{7}$、$\dfrac{20}{20}$　など

p.74 **21** 長さ

① 5000 m

② 1 km 50 m

③ 700 m＋300 m＝1000 m＝1 km

④ 1 km－400 m＝1000 m－400 m
$=$ 600 m

⑤ 3 km 800 m＋200 m＝3 km 1000 m
$=$ 4 km

ロボたまに **おしえよう!**　道、道のり

p.75 **22** 重さ

1 ① ⑦ 1000

　　　 ④ 1

　　　 ⑤ 1000

　　　 ② 1

② 2400 g

③ 4 kg 200 g

2 ① kg　② t　③ g

ロボたまに **おしえよう!**　3

p.76-77 **23** 円と球

1 ① 6　　② 3

2 式　40÷2＝20
20÷2＝10

答え　直径　20 cm　半径　10 cm

式　20÷2＝10
10÷2＝5　　　　答え　5 cm

ロボたまに **おしえよう!**　直径、半径

p.78-79 **24** 三角形と角

 ① うとか

② お

 ①

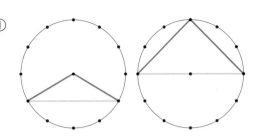

②

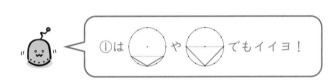

①は ・ や ▽ でもイイヨ！

ロボたまにおしえよう！ 二等辺

15